新型职业农民培育系列教材

水稻规模生产与管理

许 林 王永锋 于国锋 主编

中国林业出版社

图书在版编目(CIP)数据

水稻规模生产与管理 / 许林，王永锋，于国锋主编.
—北京：中国林业出版社，2016.10（2020.5重印）
新型职业农民培育系列教材
ISBN 978-7-5038-8724-6

Ⅰ.①水… Ⅱ.①许… ②王… ③于… Ⅲ.①水稻栽培－技术培训－教材 Ⅳ.①S511

中国版本图书馆 CIP 数据核字（2016）第 225113 号

出　　版	中国林业出版社（100009　北京市西城区德胜门内大街刘海胡同 7 号）
E-mail	Lucky70021@sina.com　电话（010）83143520
印　　刷	三河市祥达印刷包装有限公司
发　　行	中国林业出版社总发行
印　　次	2020 年 5 月第 1 版第 2 次
开　　本	850mm×1168mm　1/32
印　　张	7.25
字　　数	250 千字
定　　价	26.00 元

（凡购买本社的图书，如有缺页、倒页、脱页者，本社发行部负责调换）

《水稻规模生产与管理》

编委会

主　编　　许　林　　王永锋　　于国锋
副主编　　彭日民　　赵千里　　王　猛
　　　　　魏　明　　吴忠明　　张　伟
　　　　　刘红菊　　张　锋
编　委　（按笔画排序）
　　　　　王永海　　刘凤英　　阳　华
　　　　　扶　森　　杜智超　　罗传贵
　　　　　贾振文　　高　杨　　薛　峻

前　言

水稻是我国最重要的粮食作物之一,稻米历来是我国人民的主食。在我国,水稻种植面积不足粮食作物种植面积的 30%,稻谷产量却占粮食总产量的 40%。发展水稻生产对于保障我国粮食安全和社会稳定具有重要意义。

本书在编写时力求以能力本位教育为核心,语言通俗易懂,简明扼要,注重实际操作。主要介绍了水稻规模化生产概述、水稻的生物学基础、水稻规模化栽培的产前准备、肥料运筹与科学施肥、水稻的需水特性与节水灌溉、水稻的田间管理、水稻机插秧栽培技术、水稻抛秧栽培技术、机械化收获技术及配套机具、水稻的病虫害综合防治技术、水稻生产的经营管理等内容,可作为相关人员的培训教材及农户生产参考用书。

编　者

目 录

前言

模块一　水稻规模化生产概述 …………………………………… 1
　第一节　水稻生产概况 ……………………………………………… 1
　第二节　水稻规模化生产的意义 …………………………………… 3
　第三节　我国水稻类型和种植区划 ………………………………… 4

模块二　水稻的生物学基础 ……………………………………… 7
　第一节　水稻生育期的划分 ………………………………………… 7
　第二节　水稻根叶生育特点 ………………………………………… 9
　第三节　分蘖期的发育特点 ………………………………………… 12
　第四节　拔节分穗期的生育特点 …………………………………… 13
　第五节　抽穗结实期的生育特点 …………………………………… 17

模块三　水稻规模化栽培的产前准备 …………………………… 21
　第一节　水稻种植制度与栽培方式 ………………………………… 21
　第二节　水稻苗床准备 ……………………………………………… 26
　第三节　本田整地 …………………………………………………… 27
　第四节　优质高产水稻品种 ………………………………………… 29
　第五节　水稻良种及其影响因素 …………………………………… 50
　第六节　杂交稻品种的选育与保纯 ………………………………… 56
　第七节　育苗前的种子处理 ………………………………………… 59

模块四　肥料运筹与科学施肥 …………………………………… 62
　第一节　肥料的作用和分类 ………………………………………… 62
　第二节　肥料中的氮、磷、钾 ……………………………………… 63

第三节　其他常用肥料 …………………………… 68
　　第四节　优质水稻科学施肥技术 ………………… 73
　　第五节　水稻缺素症与肥害 ……………………… 81
　　第六节　水稻高产施肥法 ………………………… 85
　　第七节　测土配方施肥 …………………………… 89

模块五　水稻的需水特性与节水灌溉 …………………… 94
　　第一节　优质水稻水分管理技术 ………………… 95
　　第二节　晒田的作用及其技术要点 ……………… 104
　　第三节　水稻的节水灌溉 ………………………… 106

模块六　水稻的田间管理 ………………………………… 108
　　第一节　苗期的生产管理 ………………………… 108
　　第二节　分蘖拔节期的生产管理 ………………… 122
　　第三节　抽穗扬花期的生产管理 ………………… 129

模块七　水稻机插秧栽培技术 …………………………… 134
　　第一节　水稻机插秧栽培概述 …………………… 134
　　第二节　国外水稻种植方式概况 ………………… 135
　　第三节　我国水稻机插秧技术的发展 …………… 136
　　第四节　水稻机插秧存在的主要问题及对策 …… 139
　　第五节　规模化机插育秧技术 …………………… 141
　　第六节　机插稻的关键技术 ……………………… 148

模块八　水稻抛秧栽培技术 ……………………………… 153
　　第一节　水稻抛秧栽培概述 ……………………… 153
　　第二节　抛秧的生育特点 ………………………… 154
　　第三节　水稻抛秧关键栽培技术 ………………… 156

模块九　机械化收获技术及配套机具 …………………… 161
　　第一节　机械化收获技术 ………………………… 161

第二节　生产应用的配套机具及规则 …………………… 164
　　第三节　插秧机的维修 …………………………………… 164
模块十　水稻的病虫害综合防治技术 ………………………… 170
　　第一节　病害防治 ………………………………………… 170
　　第二节　虫害防治 ………………………………………… 183
　　第三节　杂草防除 ………………………………………… 192
　　第四节　鼠害防治 ………………………………………… 208
　　第五节　冷害预防 ………………………………………… 209
模块十一　水稻生产的经营管理 ……………………………… 211
　　第一节　水稻田间测产 …………………………………… 211
　　第二节　水稻采收及加工 ………………………………… 212
　　第三节　水稻种子的市场营销 …………………………… 215
　　第四节　品种的审定及选育 ……………………………… 219
参考文献 ………………………………………………………… 222

模块一　水稻规模化生产概述

第一节　水稻生产概况

一、水稻生产的重要意义

(一)水稻是我国的主要粮食作物

水稻是我国的第二大粮食作物,全国以稻米为主食的人口约占总人口的60%。2015年我国水稻播种面积达3031万公顷,占谷物播种面积的32%,占全年粮食播种面积的27%。我国稻谷产量于2011年突破2亿吨之后,2014年达到历史最高产量约2.1亿吨,占谷物产量的37%,占全年粮食总产量的34%。预计未来10年,我国稻米的总产量将保持稳定在2亿吨以上。

(二)水稻是高产、稳产作物

水稻可通过水分管理调节土壤肥力,提高对肥料和光、热、二氧化碳(CO_2)等自然资源的利用率,从而获得高产。据研究,在地力相仿、施同等肥料的情况下,水稻干物质积累量常较旱地作物多,经济系数也比其他粮食作物高。

(三)水稻的适应性强

不论酸性土壤、轻盐碱土壤、沙土、黏土,还是排水不良的低洼沼泽地以及不少作物不能适应的土壤，只要有水，一般均可栽培水稻或以水稻为先锋作物。种植水稻是利用、改造低洼易涝及盐碱地、沙薄地，增产粮食的重要途径。

（四）稻米营养价值较高

稻米的蛋白质含量略低于玉米，但稻米中易消化吸收的养分居主要禾谷类作物之首。稻米蛋白质的生物价较高，赖氨酸含量高达4%，远高于小麦、玉米等禾谷类作物。

（五）稻谷加工后的副产品用途很广

米糠是家畜的精饲料，在酿酒及医学、化工上用途很广。稻草不仅可造纸、编织草袋和绳索等，还是一种很好的硅酸肥和有机肥。

二、世界水稻生产概况

水稻在世界各大洲都有栽培，而以亚洲为最多。亚洲的水稻栽培面积占全世界的90%以上。

世界上种植水稻面积较大的国家有印度4450万公顷、中国2858.7万公顷、印度尼西亚1170万公顷、孟加拉国1070万公顷、泰国1050万公顷。

稻谷总产量较多的国家有中国1.82亿吨、印度1.32亿吨、印度尼西亚0.49亿吨、孟加拉国0.35亿吨、越南0.31亿吨、泰国0.24亿吨、缅甸0.21亿吨。

水稻单产较高的国家有澳大利亚9531千克/公顷，埃及9103千克/公顷，美国7015千克/公顷，韩国6830千克/公顷，日本6672千克/公顷，中国6350千克/公顷。

在栽培形式上，中国、日本和韩国等以育苗移栽为主，澳大利亚、埃及、美国和巴西等则以机械化直播为主。在水分管理方面，绝大部分水田进行灌溉，但在南亚和东南亚一些降水丰富的国家或地区,也存在着依靠天然降水种植水稻的现象。

第二节 水稻规模化生产的意义

一、当前水稻生产方向

随着我国工业化和城镇化的快速发展,农村经济结构发生了巨大变化,农村劳动力大规模转移,部分农村出现了弃耕、休耕现象。一家一户的小规模农业经营,已突显不利于当前农业生产力的发展。为进一步发展现代农业,农村涌现出了农业合作组织、家庭农场、种植大户、集体经营等不同的经营模式,并且各自的效果逐渐展现出来。

二、有利于激发农业生产活力

通过水稻规模化生产可以加速农村土地合理流转,减少了弃耕和休耕现象,提高了农村土地利用率和经营效率,是解决目前农业家庭承包经营低、小、散问题的有效途径。

三、有利于科技应用

通过水稻规模化生产,能够灵活地应用先进的机械设备、信息技术和生产手段,大大提高农业科技新成果、新技术的集成和推广,并在很大程度上能够降低生产成本投入,大幅提高农业生产能力,加快传统农业向现代农业转变的步伐。

四、有利于农业产业结构调整

通过专业化生产和集约化经营,发展高效特色农业,可较好地解决一般农户在结构调整中不敢调、不会调的问题。

五、有利于保障农产品质量安全

水稻规模化生产通常由专业大户、家庭农场、合作社等经济主体经营，会更注重品牌意识和农产品安全，使农产品质量得到有效保障。

第三节 我国水稻类型和种植区划

一、我国栽培稻种类型

水稻在我国栽培历史悠久，分布辽阔，经过长时期的自然选择和人工培育，形成了许多类型。

我国的栽培稻种可分为籼稻和粳稻两个"亚种"。籼稻和粳稻是在不同温度条件下演变而来的气候生态型。其中，籼稻为基本型，粳稻为变异型。

每个亚种各分为早、中稻和晚稻两个"群"。早、中稻和晚稻是适应不同光照条件而产生的气候生态型。其中，晚稻为基本型，早稻为变异型。中稻的迟熟品种对日长的反应接近晚稻型，而中稻的早、中熟品种则接近早稻型。

每个群又分为水稻和陆稻两个"型"。水稻和陆稻是由于稻田土壤水分不同而分化的土地生态型。其中，水稻为基本型，陆稻为变异型。

每个型再分为黏稻（粘稻）和糯稻两个"变种"及栽培品种。黏稻和糯稻是淀粉分子结构不同形成的变异型。其中，黏稻为基本型，糯稻为变异型。

这里所指的早、中稻和晚稻，是指生育期的长短，与双季稻的早、晚稻并非同一概念，双季稻的早、晚是指种植季节的早、晚。

二、我国水稻种植区划

(一)稻作区划

我国以秦岭、淮河为界,分为南方和北方两个稻区。

我国著名水稻专家丁颖将全国水稻产区划分为6个稻作带,后来中国水稻研究所又作了进一步的补充。6个稻作带,即华南双季稻作带、华中单双季稻作带、西南高原单双季稻作带、东北早熟单季稻作带、华北单季稻作带、西北干燥单季稻作带。各稻区播种面积分布不均,有91%分布在南方。北方稻区包括华北、东北、西北3个稻作带,水稻播种面积约占全国水稻播种面积的9%。

(二)种稻条件

水稻原产热带,具有好湿喜温的特性。因此,种稻首先要有水量和温度两个条件。水量多少,决定能否种稻和种植的比重;温度高低,决定稻作栽培制度及品种类型。

1. 种稻的水量条件

水稻生长期间,叶面蒸腾、株间蒸发和地下渗漏的水量合称稻田的需水量,前两者又合称为稻田的腾发量。需水量中的渗漏量可以通过耕作条件来改变。因此,能否种稻主要取决于稻田蒸发量与降水量之间的关系,这两者的比值叫做稻田的"干燥度"。凡稻田干燥度大于1,表明该地区天然降水不足以供同面积稻田的腾发,必须汇集较大面积上的降水,才能满足水稻生长的需要。北方除东北地区的东南部干燥度在1左右外,其余地区都在2~6,因此,必须有充足的人工灌溉水源才能种稻。

2. 种稻的温度条件

水稻是喜温作物,需要日平均气温在10℃以上才能开始活跃生长。一般把日平均气温在 10℃ 以上的月数称为水稻的生长季。生长季的长短和生长期内温度的高低,是决定水稻栽培质量的重要因素之一。一般来说,凡水稻的生长季只有 4~5 个月,全期平均气温在 15.7℃ 以上的,可以种单季春稻;凡水稻生长季有 5~7 个月,便可实行稻麦两熟;凡水稻生长季有 7~8 个月,全期平均气温在 20℃ 以上的,就可以种双季稻。同时,温度也影响水稻的类型和品种。北方地区及高寒山区一般都种较为耐寒的粳稻,南方大部分地区则以籼稻为主。在生长期短的地区,只能种早熟品种,生长季长的地区,则可种中、晚熟品种。

(三)北方水稻的生产特点

我国水稻主要分布在南方,但发展优质水稻的潜力却在北方。北方有大面积低洼地,种旱粮不保收,可以逐步改种水稻,变水害为水利;北方有大批有水源的盐碱荒地,可以用来垦种水稻,变荒地为良田。

北方还具有多种有利于水稻高产优质的自然条件。一是北方日照较长,云量较少,光合产物多。二是北方昼夜温差大,温、光、水资源分布与水稻生长发育基本同步。白天高温,利于养分制造,夜晚低温,利于养分积累,特别是水稻成熟期间秋高气爽,利于优质米形成。三是北方台风暴雨等自然灾害较少,冬季严寒,病菌、害虫越冬困难,威胁水稻的病虫害较轻。因而在同样肥水条件下,不仅产量高于南方,而且容易生产无公害稻米、绿色食品稻米和有机稻米。从自然条件分析,北方地区发展水稻的限制因素是水资源不足,且降水主要集中在 7~8 月,常出现干旱缺水的局面,影响水田面积进一步扩大;低温冷害频繁,使水稻产量高而不稳;水田多年连作,地力消耗严重;待开发的荒地或低洼地一般较瘠薄,盐碱严重,土壤砂性大,保水、保肥能力差。

模块二　水稻的生物学基础

第一节　水稻生育期的划分

生育时期是指作物生长发育过程中其外部形态发生显著变化的若干个时期。水稻的生长从种子萌发开始需要经历一系列的生育期，直到有新的种子成熟为止，这些时期大致可分为出苗期、分蘖期、拔节期、孕穗期、抽穗期、开花期和灌浆成熟期等。按照水稻各生育期的不同生育特点，一般可以将其划分为两个阶段，即水稻的营养生长阶段和生殖生长阶段。

水稻营养生长阶段主要是供水稻植株的营养器官（如根、茎、叶）生长发育的阶段，这个阶段一般包括从种子萌发到幼穗分化以前的时间。这一阶段又可以进一步分为出苗期、分蘖期和拔节期。

水稻生殖生长阶段主要是供水稻植株的生殖器官（如幼穗、花、种子）生长发育的阶段，这一阶段一般包括从幼穗分化开始到新种子形成的时间。这一阶段又可以进一步分为孕穗期、抽穗期、开花期和成熟期。

一、划分水稻生育期的标准

水稻生育期的划分一般可以参照以下三个方面：一是水稻从种植到收获的全部生长发育所需的总天数；二是不同水稻植株的主茎总叶数；三是生长发育全过程所需要的总积温数。

各种水稻生育期的长短并不是一成不变的，它受种植地区和种植季节的影响而发生变化。同一水稻品种种植在不同地区就会有不同的熟期，同一地区水稻的熟期也会受气候变化和播期的影响而不同。

相对来说，一个品种一生中主茎叶片的数量则是相对稳定的，被播期和气候影响的概率较小，所以才有了以主茎总叶数来划分水稻生育期的方法。按照这种方法，将主茎为 10～13 片叶的水稻划为早熟品种，14～15 片叶的属于中熟品种，16 片叶以上的则属于晚熟品种。

积温也是用来划分生育期的一个重要标准。一般早熟品种对活动积温的要求比较低，晚熟品种对活动积温的要求就相对较高一点。

由此可见，水稻品种生育期的划分标准较多，划分的角度也不同，各地应根据自身的实际情况，采用适宜的划分标准，以确保其准确性和实用性。

水稻的生长要经历营养生长期和生殖生长期两个阶段，水稻的生殖生长期一般相对稳定，而营养生长期的长短却变化较大，所以水稻营养生长期的长短变化一般就决定了水稻的生育期的变化。营养生长期又可以进一步分为基本营养生长期和可变营养生长期。水稻在生长初期，随着温度的升高，水稻所需的日照时间缩短而加快营养生长速度，促使其营养生长期缩短。但水稻的营养生长期的缩短是有限度的，缩短到一定程度以后，即使温度和日照再适宜水稻的生长，其营养生长期也不会继续缩短了。这段不可再缩短的营养生长期就称为水稻的基本营养生长期，又称为短日高温生育期。可以被适当消去的那一部分营养生长期称为可变营养生长期。早稻、中稻、晚稻生育期之间的差别，主要就在于其基本营养生长期和可变营养生长期的长短不同。

有的水稻在不同的种植年份也会出现生育期的长短变化，因此早稻的可变营养生长期主要随温度的变化而发生相应的变化，而晚稻的可变营养生长期，则同时受高温和日照时间长短的影响。由此可见，早稻的感温性比较强，而晚稻的感温、感光性都比较强。

二、水稻营养生长的生育类型

水稻营养生长阶段的分蘖终止、拔节与幼穗分化之间有重叠、衔接、分离三种关系，形成了三种不同的生育类型。

（1）重叠型生育类型的营养生长与生殖生长部分重叠，幼穗分化后才拔节、分蘖终止，地上部分伸长节间为5个以内，属早熟品种类型，寒地水稻均为此类型。因此，在栽培上应注意前期促进，从壮苗出发，培育健壮个体，是高产的关键。

（2）衔接型生育类型的分蘖终止、拔节与幼穗分化衔接进行，地上部分一般有6个以上伸长节间，为中熟品种类型。营养生长与生殖生长间矛盾较小，栽培上宜促控结合。

（3）分离型生育类型的营养生长与生殖生长间略分离，分蘖终止、拔节后的10～15天，才进入幼穗分化期，地上部分节间为7个以上，为晚熟品种类型，在栽培上应促中有控，促控结合。

第二节 水稻根叶生育特点

一、水稻根系的种类及特点

水稻根系属于须根系。根据发生的先后和部位的不同，可分为种子根（胚根）和节根（不定根、冠根）两种。

种子根分为初生胚根和次生胚根，初生胚根为一条，直接由胚的胚根长成；次生胚根为1~4条，在中胚轴上长出（只在深播或化学药剂处理时才发生）。种子根垂直向下生长，作用是吸收水分、支持幼苗，一般待节根形成后即枯萎。

节根是从植株基部茎节（包括分蘖节）上长出的不定根，数目甚多，是水稻根系的主要部分，因其环生于节部，形似"冠"状，故又称冠根。节根按其所生位置可分为上位根和下位根。上位根较细较短，一般横向或斜向伸长，分布于土壤的上层和中层；下位根较粗较长，多分布于土壤的中层或斜下层。随着分蘖的增加，根群也逐渐发展，可以有多级分枝。直接由茎节上伸出的根称一级根，自一级根伸出的根称二级根，依次可以生出六级根。一般老根呈褐色，新根呈白色，新根近根尖部分生有根毛，级次越高则根毛越少，六级根不生根毛。土壤疏松或通气性好时，根毛较多；长期淹水或氧气缺乏时，根毛很少甚至没有，分枝根的级数和数量也少。

在不同生育时期，水稻根系的分布也不同。在分蘖期，一级根大量发生，但分布较浅，多数在0~20厘米土层内横向扩展呈扁椭圆形；在拔节期，分枝根大量发生，并向纵深发展；至抽穗期，根系转变为倒卵圆形，横向幅度达40厘米，深度达50厘米以上；在开花期，根部不再继续伸展，活动能力逐渐减退；接近成熟期时，根系吸收养分的能力几乎完全停止，这时所需的养分全靠植株体内养分的转移维持。从总体上看，水稻根系主要分布在0~20厘米土层中，约占总根量的90%。从全生育期看，水稻在抽穗期根量达到最大值。

水田中水稻的根系由不同年龄的根组成，由于土壤氧化还原性质的影响，各年龄的根有白色、黄褐色、黑色和灰色等。根的不同颜色，反映了根的活力不同的情况。

模块二　水稻的生物学基础

二、水稻叶片的种类

水稻的叶分为鞘叶、不完全叶和完全叶三种。

鞘叶即芽鞘，在发芽时最先出现，白色，有保护幼苗出土的作用，特别是在旱播情况下，作用更明显。

不完全叶是从芽鞘中抽出的第一片绿叶，一般只有叶鞘而没有叶片，在计算主茎叶片数时通常不计入。

完全叶由叶鞘和叶片组成。叶鞘和叶片连接处为叶枕，在叶枕处长有叶舌和叶耳。叶鞘抱茎，有保护分蘖芽、幼叶、嫩茎、幼穗和增强茎秆强度、支持植株的作用。同时，叶鞘又是重要的储藏器官之一，叶鞘内同化物质的蓄积情况与灌浆结实和抗倒伏能力有很大的关系。叶片为长披针形，是进行光合作用和蒸腾作用的主要器官。在栽培中，叶片的长短、大小和数量对产量的形成有重要的作用。

叶片、叶鞘、叶枕、叶耳、叶舌以及芽鞘常有绿、红、紫等不同颜色，是识别品种的重要特征。

水稻后期叶片存在多少、生长健壮与否，极大地关系着水稻产量的高低。加强后期田间管理，保护好后期功能叶片的旺盛活力，是水稻丰产的重要保障。

三、水稻叶龄和秧龄的作用

水稻叶龄是指主茎的出叶数目，水稻秧龄是指植株的生育天数。二者都是用来表示水稻植株生育的进程。

叶龄的计算以主茎上长出的最新叶片为准，如主茎上长出第5叶片时，叶龄为5；长出第7叶片时，叶龄为7；当第8叶片未完全展开时，以展开部分占第7叶的比例计为小数，如开叶长度达第7叶长度的1/3时，叶龄计为7.3，展开叶的长度达第7叶长度的一半时，叶龄记为7.5。秧龄一般以出苗后秧苗经历的天数计。以上是单个植株计算叶龄和秧龄的方法，在实际应用中往往是针对群体，一般要同时调查多株(>20)，以其平均值来表示。

叶龄能比秧龄更准确地反映植株的生理年龄和实际生育进程。原因在于用天数表示的叶龄受外界环境影响较大，相同天数的秧苗，其实际生育进程往往并不相同；而对于叶龄来说，由于其与分蘖、根系、节间和穗分化之间的关系比较稳定，不易受外界条件影响，叶龄相同的秧苗生育进程基本相同。因此，在生产上常用叶龄来推算植株的生育进程。

第三节 分蘖期的发育特点

水稻分蘖实质上是水稻茎秆的分枝，分蘖多发生在基部节间极短的分蘖节上，主茎上的分枝称为一级分蘖，一级分蘖上的分枝称为二级分蘖，依此类推。水稻分蘖的发生是有规律的，正常情况从第一完全叶的叶腋伸出分蘖。

壮秧是在主茎第四片叶(完全叶)抽出的同时在主茎第一片叶的叶腋中伸出第一蘖，在第五片叶开始生出的同时，在第二叶的叶腋中伸出第二蘖，依此类推。二级分蘖和三级分蘖等各级分蘖均遵循上述叶蘖同伸关系，即分蘖的出现总是和母茎相差 3 片叶子。

水稻发生分蘖必须具备内因和外因两个条件。内因包括品种的分蘖特性、秧苗壮否、干重多少、充实度高低、秧苗大小等；外因主要包括温度、光照、水分和养分等。

水稻分蘖的最适宜气温为 30～32℃，最适宜水温为 32～34℃。若气温低于 20℃、水温低于 22℃，分蘖缓慢；气温低于 15℃、水温低于 16℃或气温超过 40℃、水温超过 42℃，分蘖会停止。

模块二 水稻的生物学基础

保持 3 厘米左右的浅水层对分蘖有利，浅水可增加泥温，缩小昼夜温差，提高土壤营养元素的有效性；无水或水深降低泥温，抑制分蘖发生。

阴雨寡照时，分蘖发生延迟；光强低于自然光强 5% 时，分蘖停止。

在营养元素中，氮、磷、钾对分蘖的影响最明显。水稻分蘖期稻体内三要素的临界量分别是：氮 2.5%、五氧化二磷 0.25%、氧化钾 0.5%。当叶片含氮量为 3.5% 时，分蘖旺盛，钾含量在 1.5% 时分蘖顺利。

叶面积指数和插秧深度对分蘖也有很大影响。当秧田叶面积指数达到 3.5、本田叶面积指数达到 4.0 时分蘖停止；浅插 2 厘米左右对分蘖有利，插秧超过 3 厘米，分蘖节位上移，分蘖延迟，分蘖质量变差，弱苗深插还会造成僵苗。

因此，分蘖期的田间管理就是有效地利用上述条件，促进分蘖的早生快发，提高有效分蘖率，为最终提高产量和品质奠定基础。

第四节 拔节分穗期的生育特点

一、水稻拔节前后的水肥控制

水稻拔节的标准是茎秆基部第一个伸长节间的长度达到 1 厘米（早稻）或 2 厘米（晚稻），并由扁变圆。当全田有 50% 的植株开始拔节时，即称拔节期。水稻节间伸长，是自下而上逐个进行的。

早熟品种伸长节间一般 3～4 个，中熟品种为 5～6 个，晚熟品种为 7～8 个。北方粳稻多为 4～6 个伸长节间。

拔节期是水稻栽培管理中承前启后的重要时期，在拔节前

后进行肥水调控,是实现对水稻平稳促进,使之稳步生长的有效措施。拔节期肥水调控有以下几个方面的积极作用:

(1) 促进根系向纵深发展,白根和黄根数量增加。

(2) 抑制后生分蘖发生,加速弱小分蘖死亡,提高成穗率。

(3) 促使基部节间缩短增粗,机械组织加厚,提高植株抗倒伏能力。

(4) 避免叶片过分伸长,改善中期群体结构。

(5) 抑制稻株蛋白质的合成,促进同化产物在茎鞘中的积累,为后期产量形成作好物质储备。

二、搁田、晒田或烤田

拔节期前后的肥水调控,在技术上主要采用的是水分控制,俗称搁田、晒田或烤田。搁田是通过排除田间水层,利用叶面蒸腾与株间蒸发降低稻田土壤含水量的一种措施,其直接作用是控制土壤水分。同时由于搁田后土壤通透性增强、含氧量增多、土壤氧化还原电位提高,铵态氮被氧化或逸失,磷由易溶性向难溶性转化,耕层土壤中有效养分含量暂时降低,说明搁田又具有间接控制养分的作用。所以,搁田技术不单是调控水分,同时还是调控肥水的技术措施。

三、稻穗分化的分期及其环境因素

稻穗从分化开始到发育成穗,根据不同的划分方法,可以划分为四期、五期和八期,其中五期划分法较为简洁,也较为通用,现介绍如下:

第一期,苞分化期。穗轴分化分节,处于倒 4 叶出生后半期,经历半个出叶期。

第二期,枝梗分化期。先后分化形成一次及二次枝梗,处于倒 3 叶出生期,经历一个出叶周期。

模块二 水稻的生物学基础

第三期，颖花分化期。分化形成花器，即颖花，以及雌、雄蕊，一般在倒 2 叶出生至倒 1 叶露尖期，经历 1~2 个出叶周期。

第四期，花粉母细胞形成及减数分裂期。分化形成性细胞，一般在倒 1 叶出生中、后期经历 0.8 个左右出叶周期。

第五期，花粉粒充实完成期。配子体进一步发育成熟，外形上孕穗，相当于一个出叶周期左右。

在生产实践中，对穗分化各期的准确把握，有利于采取正确的栽培措施进行调控和保护，如颖花分化期是水分敏感期，晒田处理必须在此前结束；减数分裂期是温度敏感期，对低温反应敏感，此期要注意采取措施加以保护。穗分化各期的判断可以根据器官同伸规律从植株形态上加以判断，如颖花分化期在形态上表现为倒 2 叶露尖，减数分裂盛期在形态上表现为剑叶伸出（叶耳露出）。

幼穗分化是水稻生殖生长开始的重要标志，幼穗分化期是水稻一生中最为重要的时期之一，在外形上包括拔节期和孕穗期。幼穗分化开始后，水稻进入营养生长和生殖生长并进的时期。这个时期植株生长量迅速增大，叶片相继长出，分化末期根的生长量达到一生中最大值，全田叶面积也达到最高峰，植株干物质的积累将近干物质总量的 50%，因而也是水稻一生中需肥最多的时期。据测定，对氮、磷、钾的吸收量约占一生中总吸收量的 50%。这个时期，不仅需要大量的矿物质营养，而且对周围环境的条件反应也十分敏感。环境条件对水稻幼穗的影响主要有以下几个方面：

（1）温度是影响幼穗分化的重要因素。幼穗分化期最适宜温度为 26~30℃。昼温 35℃左右、夜温 25℃左右最利于形成大穗。幼穗分化过程对低温的敏感时期是在减数分裂期以后 2~3 天，即花粉四分体和小孢子发育期。此期如遇 17℃以下低温，花粉粒的正常发育就会受到影响，如遇15℃以下低温，花粉粒的发育将受到严重影响，导致雄性不育，从而引起结实率大大降低。如在减数分裂期前后遇低温，可在夜间灌水8～10厘米深，提高穗部温度。

（2）日照时数和光照强度对枝梗和颖花的发育有很大影响。日照时数过短或光照不足，都会造成分化的枝梗及颖花退化，这种现象以大穗型的品种更为突出。

（3）水稻进入幼穗分化期，植株生长量急剧增大，此期为水稻一生中生理需水最多的时期，不能缺水，但长期淹水也是不利的。

（4）幼穗发育期间，需要较多的氮、磷、钾等矿物质营养，特别是在减数分裂前后，养分不足会导致枝梗和颖花的退化。正确施用穗肥进行促花和保花，是增产的有效措施。

此外，水稻在幼穗分化期间，植株根系若被踩断则不易再发新根，从而影响后期生长。所以，幼穗分化开始后，就要尽量减少下田次数，避免踩断根系。

四、稻穗发育的判断方法

准确地判断水稻穗的发育时期和进度，对水稻生产尤其是杂交稻制种非常重要。为了准确地预测花期，以便采取相应的生产措施，必须严格掌握稻穗发育的进度。判断稻穗发育进度的方法有两种。

一是镜检法，在解剖镜或显微镜下检查，这种方法准确可靠，但需要一定的技术和设备，大面积生产中不易做到，二是田间间接检查法，即根据水稻植株内部发育与外部形态的相关关系进行判断，这种方法简便易行，实用性强。田间间接检查法主要有以下两种。

（1）根据拔节情况推断幼穗的发育时期。水稻拔节后，自上而下第 5 个节间开始伸长时,幼穗开始分化。所以,具有 3 个或 4 个伸长节间的早熟品种,拔节时已处于幼穗分化期;具有 5 个伸长节间的中熟品种,拔节时正是幼穗开始分化的时候;具有 6 个或 7 个伸长节间的晚熟品种,则第 2 或第 3 个节间拔节时,幼穗才开始分化。

(2)根据叶龄指数推断幼穗的发育进度。对于主茎 16 叶的品种来说,叶龄指数为 76～78 时,幼穗分化为苞分化期;80～86 时为枝梗分化期;87～92 时为颖花分化期;95～97 时为花粉母细胞分化及减数分裂期;叶龄指数为 100 时,幼穗分化已进入花粉粒充实形成期。对于主茎叶数多于或少于 16 的品种,也可以根据上述对应关系查找相应的分化时期,只不过对叶龄指数要加以校正,用"校正叶龄指数"来查对。这里,校正叶龄指数＝叶龄指数＋校正系数;校正系数＝(100－叶龄指数)×(16－总叶数)÷10。举例如下:某品种主茎叶数为 14,叶龄为 12.6,其叶龄指数为 12.6÷14×100＝90,校正系数＝(100－90)×(16－14)÷10＝2。则校正叶龄指数＝90＋2＝92。根据上述对应关系可知,该品种正处在颖花分化期。

第五节　抽穗结实期的生育特点

一、"一刀齐"的抽穗方法

在水稻的产量构成中,单位面积的有效穗数和平均每穗粒数是两个重要因素。在协调二者的关系时,一般穗数容易保证,而平均每穗粒数即穗的大小则不易把握。由于穗数是由主茎和分蘖共同组成的,分蘖的多少和大小往往决定着每穗粒数的多少,小穗过多是不利于提高平均每穗粒数的。从光能利用的角度来说,无效分蘖在一定程度上是光能和地力的浪费,而

水稻规模生产与管理

小穗也是一种浪费。从这个意义上说,提高抽穗整齐度和成穗率(有效分蘖率)是同等重要的。如果穗数过多而穗头大小不一,单产同样很难提高。因此,在水稻高产栽培中,既要尽量控制无效分蘖,提高成穗率,又要努力抑制小穗的形成,提高抽穗整齐度,也就是要做到抽穗"一刀齐"。这样,才能既保证单位面积的有效穗数,又能保证平均每穗粒数,最终实现高产目的。要做到抽穗"一刀齐",可以从以下几个方面入手:

(1)适期早栽,合理密植,争取低节位、低位次的分蘖,为获取大穗奠定基础。

(2)适当提高每穴用秧量,提高主茎和早期低节位、低位次分蘖在最终成穗数中的比例。

(3)选用分蘖势强的品种,使分蘖能在早期集中快速抽出,为后期控制无效蘖和小穗创造条件。

(4)在水稻生长前期,要加强水肥管理,促进植株早生快发,在有效分蘖终止期,要及时撤水晾田(田间无水层,土壤含水量为最大持水量),必要时要进行搁田(亦称烤田或晒田),田间无水层,水稻开花的规律在正常情况下,水稻在抽穗(穗顶露出剑叶叶枕1厘米即为抽穗)当天或稍后即开始开花。

一个穗子顶端最先抽出,穗子顶端枝梗上的颖花遂先开放,然后伴随穗的抽出自上而下依次开花,基部枝梗上的颖花最后开。

一次枝梗上的开花顺序和整穗顺序有所不同,首先是顶端第一粒颖花开放,其次是基部颖花,再顺序向上,最后是顶端第二粒颖花开放。二次枝梗也遵循这一规律。同一稻穗上所有颖花完成开花需7～10天,其中大部分颖花在5天内完成,一天中的开花动态则是9:00～10:00时开始开花,11:00～12:00时最旺盛,14:00～15:00时停止。每个颖花开花均经过开颖、抽丝、散粉、闭颖的过程,全过程需1～2.5小时。

由于同一田块的植株间和同一植株的分蘖间都是一个连续的抽穗过程，同一田块完成抽穗约需10天，所以对一块田来说，所有颖花完成开花约需15天。

掌握水稻开花规律，在水稻杂交制种上有很大用处。一是可以使父、母本花期相遇，提高结实率；二是可以准确把握操作时间，进行人工辅助授粉；三是利于对保持系去杂去劣，提高不育系种子的纯度。

水稻属自花授粉作物，开花之初，内外颖顶部开始展开，花丝伸长，花药逐渐被送出内外颖，但通常花药在伸出之前就已开裂，许多花粉粒自行落到自花柱头上，完成自花授粉受精。当花药略高于内外颖或垂于内外颖边缘时，花粉粒飞散于空气中，被风吹送到其他颖花（同株或异株）的柱头上。由于自花授粉早于异花授粉，所以不能实现异交，只有当自花花粉粒败育时（也称雄性不育），才能实现部分异交，但对全田而言，这一比例通常低于1%，最高也不超过5%。因此，在进行常规品种繁育时，垄间一般不会混杂，不用设立隔离带。

二、水稻谷粒的发育过程

水稻开花、受精以后，子房逐步发育成米粒（俗称糙米，与颖壳合称谷粒）。受精后的卵细胞的发育是非常迅速的，一般在开花后8～10小时便开始细胞分裂。开花后8～10天，胚部便分化出胚芽、胚根、盾片及其他器官，这时便已具备了发芽能力。此后，胚进一步发育，完成生理上的成熟。在胚发育的同时，胚乳也迅速发育。开花后，胚乳细胞便开始分裂，开花后5天胚乳细胞可填满整个胚囊，9～10天胚乳细胞分裂完毕。由于胚乳细胞发育较快，米粒在开花后3天就达颖壳全长的1/2，开花后5～7天即可伸到颖壳的顶部达到最大长度。以后米粒向两侧加宽加厚，开花后12天左右接近最大宽度，

13~14 天接近最大厚度。米粒的充实除主要依靠淀粉外,脂肪、蛋白质的积累也起一定的作用。

三、水稻成熟时期

根据稻谷成熟的生理过程和谷壳颜色变化等,可将水稻成熟过程分为乳熟期、蜡熟期、完熟期和枯熟期四个时期。

(1)水稻开花后 3~5 天即进入乳熟期。灌浆后籽粒内容物呈白色乳浆状,淀粉不断积累,干、鲜重持续增加:在乳熟始期,鲜重迅速增加;在乳熟中期,干重迅速增加,到乳熟末期,鲜重达到最大,米粒逐渐变硬变白,背部仍为绿色。该期用手压穗中部籽粒有硬物感觉,持续时间为 7~10 天。

(2)蜡熟期水稻籽粒内容物浓黏,无乳状物出现,用手压穗中部籽粒有坚硬感,鲜重开始下降,干重接近最大。米粒背部的绿色逐渐消失,谷壳稍微变黄,此期经历为 7~9 天。

(3)完熟期水稻的谷壳变黄,米粒水分减少,干物重达到定值,籽粒变硬,不易破碎,此期是收获适宜期。

(4)枯熟期水稻的谷壳黄色褪淡,枝梗干枯,顶端枝梗易折断,米粒偶尔有横断痕迹,影响米质。水稻成熟期的长短因气候和品种的不同而有差异,气温高则成熟期缩短,气温低则成熟期延长。

在生产上,要注意水稻成熟期的栽培管理,特别是水分的管理。一些地区常因生育后期撤水过早而影响籽粒饱满度。水稻在灌浆结实期合理用水,可以达到养根保叶、青秆活熟、浆足粒饱的目的。为此,一般在成熟前 7~10 天灌最后一次水,具体时间可视土壤的含水量及天气和籽粒的成熟情况灵活掌握。

模块三　水稻规模化栽培的产前准备

第一节　水稻种植制度与栽培方式

分析水稻种植制度与栽培方式，对提高我国水稻产量具有重要意义。然而，自20世纪90年代末以来，随着我国社会经济的快速发展，水稻种植面积大幅下降，单产徘徊，总产波动。其原因之一是在我国社会经济发展到一定阶段，已有的传统的水稻种植方式已不能适应当前社会经济发展需要。传统水稻种植方式必须向现代水稻种植方式转变，才能促进水稻生产持续稳定发展。

我国水稻生产具有悠久的历史，水稻种植方式随着社会经济发展和科技进步不断演变。水稻直播是一种原始的水稻种植方式，从直播到育苗移栽技术是某一时期水稻生产技术的进步。在早期，水稻移栽解决了直播稻草害严重的问题和多熟制季节的矛盾。

一、手工移栽栽培

20世纪80年代初，我国学习日本寒地旱育秧的经验，首先在东北研发并推广了水稻旱育秧稀植技术。旱育秧栽后返青快，根系优势明显，低位分蘖多，耐逆性强，增产效果好。旱育秧稀植技术伴随大穗型水稻品种和杂交稻的推广而推广，是良种和良法相互配套的体现。

进入21世纪以后,随着材料科学的发展,新的育秧技术得以出现。韩国水稻机械插秧大面积采用无纺布育秧技术。近年来,我国辽宁等地也开始研发推广无纺布旱育秧技术。与塑料薄膜覆盖育秧相比,无纺布覆盖育秧具有膜内温度平稳、秧苗素质好、抗性强和节本增产等特点。

二、水稻抛秧栽培

20世纪60~70年代,日本和我国的科技人员开始研究小苗抛秧、纸筒抛秧技术。70年代中后期,塑料钵盘育秧技术的研发成功,使抛秧技术的大面积推广成为可能。但这时由于日本解决了水稻机械插秧技术的带土机插问题,使日本的水稻机插秧技术大面积推广,抛秧栽培方法随之被淘汰。

水稻抛秧作业效率高、操作简单,在手工移栽劳动力紧张的地区,确保了水稻基本苗的稳定。但抛秧对整田的要求较高,抛秧的均匀度直接关系到产量的高低。抛秧技术是在我国机械插秧技术不成熟的条件下发展起来的。

水稻抛秧技术从日本引入以后,已逐步发展成为我国水稻简化栽培的主要技术之一。目前,我国水稻旱育抛秧技术主要有三种方式:①塑盘旱育抛秧。带土抛植,具有易抛秧、易立苗的优点,但其秧龄弹性小,培育壮秧难,育苗成本高。②肥床旱育抛秧。具有秧龄弹性大、利于高产的优点,但其秧苗根部带土量少,抛植困难,不易立苗。③无盘旱育抛秧。综合了塑盘旱育和肥床旱育抛秧的优点,采用"无盘抛秧剂"包衣,在秧苗根部形成"吸湿泥球",利于抛植立苗,易培育壮秧,不受秧龄限制,利于高产,具有广阔的应用前景。

三、水稻直播

水稻品种的改良,适应直播栽培品种的成功选育,直播除

模块三 水稻规模化栽培的产前准备

草剂的应用及栽培技术的进步都为直播稻的推广创造了条件。

自20世纪80年代以来,我国直播稻面积不断扩大,进入21世纪,免耕直播的面积增加,主要为冬闲田、油菜田、麦田及菜用大豆田等前作的水稻免耕直播面积增加。为缓解季节矛盾,油菜田、麦田及菜用大豆田等前作的水稻套直播技术也有一定面积。直播技术主要在单季粳稻上应用。直播稻品种以常规稻为多,杂交稻较少。这主要由于杂交稻以籼稻为主,采用直播植株倒伏风险较常规粳稻大,且种子成本高。

由于直播稻不需要育秧、拔秧和插秧,省去了这几个环节的用工及用料成本。旱直播稻与种麦子一样,在3叶前一直旱长,不需要用水,又省去了泡垡和整田的用工及用料成本,所以直播稻直接生产成本比其他栽培方式低,农民容易接受,所以发展很快。

虽然直播能节省育秧和插秧工序,省工节本明显,但由于我国直播稻以传统的手工撒直播为主,存在成苗差、草害严重、易倒伏、后期早衰等问题,导致直播稻产量不稳定,极大地限制了直播技术的推广应用。

直播稻在推广过程中如果技术不配套,将出现众多问题:没按直播稻整地标准进行整地,或田不平、高低不一,将造成不能播全苗,出苗不齐,稻田秧苗生长高矮不一,不仅长相难看,而且产量不高;未准确掌握晒田时间,田间总茎蘖过多,会造成中后期田间植株个体与群体矛盾激化,加重病虫害的发生,一旦遇到大风,会大面积倒伏;肥、水运筹技术没掌握,用管理常规稻的办法管理直播稻,在肥、水运筹过程中,不是用肥时间不符合直播稻的生长要求,给"促"、"控"管理增加麻烦,就是各个生育期施肥用量不符合直播稻生长发育的需求,造成旺长或早衰,影响产量;病、虫、草害防治不到位,有的形成了草荒,有的病虫危害严重,造成减产。

直播稻基本苗较难控制。如果播种量过大,将造成基本苗过多,导致分蘖穗率低,穗形小;如果播种量过小,将造成基本苗不足,使分蘖期延长,若土壤氮素含量较高易贪青迟熟,无效分蘖多,结实率降低。直播稻田由于杂草多,除草难度增大,且成本高。直播稻根系浅,如群体过大,易造成倒伏。由于没有秧田生长期,在多熟制地区由于季节限制,其应用也受到制约。

四、再生稻

再生稻是利用一定的栽培技术,使头季稻收割后稻桩上的休眠芽萌发生长成穗而收割的一季水稻。我国是世界上最早利用再生稻的国家。开始是作为灾后的一种救灾措施,或者自然生长成熟而多收的稻谷。随着对再生稻认识的深入和生产发展,利用面积逐步扩大,研究范围也不断拓宽,逐步形成为一种耕作制度。新中国成立后,农业科研人员一方面广泛收集稻种资源并对稻种进行提纯复壮;另一方面改进稻作技术,促进了再生稻的发展。在利用范围上从南到北、品种上从籼稻到粳稻都有蓄留再生稻的报道。全国各地利用不同的品种不断创造再生稻高产的典型事例时有出现,并对高产典型的经验进行总结推广,但对再生稻的研究仍较少,大面积生产仍较低,且种植方法粗放、种植面积分散。

20世纪60年代初,我国矮秆水稻育成并取代了高秆水稻,水稻"第一次绿色革命"成功,水稻单产提高了25%～30%,再生稻利用再度活跃。农业科研单位开始用多个品种进行再生力比较试验,有的研究深入到再生稻潜伏芽发育的营养生理,有的研究涉及再生稻的可行性和潜伏芽生长规律,还有的研究了头季稻不同密度和糖氮水平与再生力的关系等。

杂交水稻的研究成功与利用,不仅推动了水稻生产的发展,也推动了再生稻的研究与利用。再生稻的生理研究涉及不同节位休眠芽养分来源,不同节位叶片光合速率,不同节位叶片光合物质分配等营养物质、根系活力等与再生力的关系。再生稻的生态研究涉及土壤水分、头季稻后期高温伏旱天气、再生稻抽穗开花期低温等与再生力、再生稻结实率的关系,并确定四川、云南、贵州、湖北和安徽五省为再生稻适宜区域。再生稻的品种研究涉及再生力的遗传、休眠芽穗分化特点、生育期、穗粒结构与再生稻产量的关系。再生稻的栽培技术研究涉及不同地区根据各地生态条件确定不同留桩高度,明确了休眠芽伸出叶鞘收割头季稻的适宜收割期,促芽肥每公顷施150～300千克尿素,发苗肥每公顷施75～150千克尿素,有利于再生稻高产等。再生稻的化学调控研究涉及多效唑、赤霉素、喷施宝、核酸制剂、绿旺、绿宝和磷酸二氢钾等,对延缓头季稻叶片衰老,促进休眠芽伸长的作用,以及赤霉素提早再生稻抽穗避过低温影响结实的效果等。再生稻的田间管理涉及头季稻收后扶桩除草,遇高温伏旱用田水浇稻桩,病虫防治等。上述研究促进了再生稻研究水平和单产的提高。

"中稻—再生稻"虽然已成为一种耕作制度,但种植面积不大,占水稻种植面积比重小,总体单产水平不高。单产提高的空间较大。从品种看,由于育种家弱化再生力鉴定而缺乏强再生力品种;从技术看,由于受生产条件制约,缺乏头季稻后期强根促进再生稻多发苗的技术,还由于再生稻稻穗来自头季稻不同节位,因而存在再生稻成熟一致性差的问题;最后受稻谷价格影响,生产上再生稻技术到位率不高,田块间、地区间产量不平衡的问题仍然存在。这些问题只有通过深化研究和强化示范力度才能解决并充分发挥这一稻作制度的优越性。

第二节 水稻苗床准备

一、苗床选择

苗床应选择在向阳、背风、地势稍高、水源近、没有喷施过除草剂,当年没有用过人粪尿、小灰,没有倾倒过肥皂水等强碱性物质的肥沃旱田地、菜园地、房前房后地等。如果没有这样的地方也可以用水田地,但水田地做苗床时,应将土耙细,没有坷垃、杂草等杂质,施用腐熟的有机肥每平方米15千克以上。

二、育苗土准备

采用富含有机质的草炭土、旱田土或水田土等,都可以用来做育苗土。如果要培育素质好的秧苗就应该有目标的培养育苗土,一般2份土加腐熟好的农家肥1份混合即可。据试验,盐碱严重的地方应选择酸性强的草炭土,因为草炭土具有粗纤维多,使水稻根系盘结到一起不容易散盘,移植到稻田中缓苗快,分蘖多等优点。

三、苗田面积

手工插秧的情况下,30厘米×20厘米密度时,每公顷旱育苗育150平方米,盘育苗育300盘(苗床面积50平方米)。30厘米×26.7厘米密度时,每公顷旱育苗育100平方米,每公顷盘育苗育200盘(苗床面积36平方米)。机械插秧一般都是30厘米×13.3厘米密度,每公顷盘育苗育400盘(苗床面积72平方米)。

模块三 水稻规模化栽培的产前准备

四、做苗床

育苗地化冻 10 厘米以上就可以翻地。翻地时不管是垄台，还是垄沟一定要都翻 10 厘米左右，随后根据地势和不同育苗形式的需要自己掌握苗床的宽度和长度。先挖宽 30 厘米以上步道土放到床面，然后把床土耙细耙平。苗床土的肥沃程度也决定秧苗素质，育苗时床面上每平方米施 15 千克左右的腐熟的农家肥，然后深翻 10 厘米，整平苗床。

第三节 本田整地

一、一般田整地

洼地或黏土地最好是秋翻，需要春翻时，应当早翻地，翻地不及时土不干，泡地过程中不把土泡开很难保证耙地质量。耙地并不是耙得越细越好，耙地过细，土壤中空气少，地板结影响根系生长。因此，耙地应做到在保证整平度的前提下，遵守上细下粗的原则，既要保证插秧质量，又要增加土壤的孔隙度。

二、节水栽培整地

春季泡田水占总用水量的 50% 左右，而夏季雨水多，一般很少缺水。所以春季节水成为节水种稻的关键，水稻免耕轻耙节水栽培技术，极大地缓解了春季泡田水的不足，解决了井灌稻田的缺水问题。但此项技术不适应于沙地等漏水田。水稻免耕轻耙节水栽培技术的整地主要是在不翻地的前提下，插秧前 3~5 天灌水。耙地前保持寸水，千万不能深水耙地。因为此次耙地还兼顾除草，水深除草效果差。耙地应做到使地表

3～5厘米土层变软，以便插秧时不漂苗。

三、盐碱田整地

盐碱地种稻在我国相对比较少，但也有一部分播种面积。盐碱地稻田为了方便洗碱，一般要求选择排水方便的地块，并且稻田池应具备单排单灌。稻田盐碱轻（pH8.0以下）时，除了新开地外，可以不洗碱。pH8.0～8.5的中度盐碱时，必须洗1～2次。洗盐碱时，水层必须淹没过垡块，泡2～3天后排水，洗碱后复水要充足，防止落干，以防盐碱复升。经过洗盐碱，使稻田水层的pH降至轻度盐碱程度后施肥、插秧。

四、机插秧田整地

机械插秧的秧苗小，插秧机比较重，整地要求比较严格。机插秧地的翻地不能过深，翻地过深时犁底容易不平，造成插秧深度不一致，一般10厘米即可。耙地使用大型拖拉机时，尽量做到其轮子不走同一个位置，以便减少底部不平。耙地后的平整度应在5厘米以内。

五、旱改水田整地

一般玉米田使用阿特拉津、嗪草酮、赛克津等除草剂，大豆田用乙草胺、豆黄隆、广灭灵等除草剂除草。这样的除草剂的残效期都在两年以上，在使用这些除草剂的旱田改水田时，容易出现药害，表现为苗黄化、矮化、生长慢、分蘖少或不分蘖。如果使用上述农药的旱田改种水稻时，尽量等到残效期过后改种。旱田非改不可时，即使是没用上述农药，旱田改种水稻时，耙地前必须先洗一次。插秧前或插秧后，打一些沃土安、丰收佳一类的农药解毒剂。

模块三 水稻规模化栽培的产前准备

第四节 优质高产水稻品种

一、常规籼稻

(1)鄂早 18。湖北省黄冈市农业科学研究所与湖北省种子集团公司选育(中早 81、嘉早 935),2003 年和 2005 年分别通过湖北省和国家农作物品种审定委员会审定,国审编号:国审稻 2005003。

鄂早 18 属早熟籼型常规水稻,在长江中下游作早稻种植,全生育期平均 113.6 天。株高 91.6 厘米,株型紧凑,耐肥力较强,叶色浓绿,剑叶挺直,每亩①有效穗数 23.2 万穗,穗长 20.4 厘米,每穗总粒数 108.6 粒,结实率 79.5%,千粒重 24.9 克。抗白叶枯病,感稻瘟病,米质一般。米质主要指标:整精米率 45.6%,长宽比为 3.4,垩白粒率 23%,垩白度 6.5%,胶稠度 75 毫米,直链淀粉含量 15.4%。该品种熟期适中,产量较高,稳产性一般,一般亩产 422~474 千克,适宜在江西、湖南、湖北、安徽、浙江的稻瘟病轻发的双季稻区作早稻种植。2010 年推广面积为 111 万亩。

(2)黄华占。广东省农业科学院水稻研究所选育(黄新占、丰华占),2005 年最先通过广东省农作物品种审定委员会审定,审定编号:粤审稻 2005010。2007 年、2008 年、2011 年先后又通过湖南、湖北、广西、重庆等地农作物品种审定委员会审定。

黄华占属中早熟籼型常规水稻,早造全生育期 129~131 天。株高 93.8~102.8 厘米,穗长 21.0~21.8 厘米,亩

---

① 1 亩≈667 平方米。

有效穗 21.4 万个，每穗总粒数 118.3～123 粒，结实率 80.5%～86.8%，千粒重 22.2～23.1 克。稻米外观品质鉴定为早造特二级，整精米率 40.0%～55.2%，垩白粒率 4%～6%，垩白度 0.6%～3.2%，直链淀粉含量 13.8%～14.0%，胶稠度 67～88 毫米，理化分 44～50 分。抗稻瘟病和白叶枯病。一般亩产 480 千克左右，华南双季稻区可早、晚造兼用，华南稻区以外的南方稻区可作双季晚稻、一季晚稻和中稻种植。黄华占生产上表现耐肥抗倒、超高产性能，特别受种植大户欢迎。2009 年、2010 年推广面积分别为 136 万亩、253 万亩，2011 年仅在广东省就累计推广种植 200 多万亩。

（3）粤晶丝苗 2 号。广东省农业科学院选育（粤科占、五丰占、锦超丝苗），2006 年通过广东省农作物审定委员会审定，审定编号：粤审稻 2006067。

粤晶丝苗 2 号属中早熟籼型常规水稻，早造全生育期 131～133 天。株高 101.4～105.7 厘米，穗长 20.9～22.1 厘米，亩有效穗 21.4 万个，每穗总粒数 109.4～124.9 粒，结实率 77.1%～85.9%，千粒重 21.2～21.4 克。米质达国标、省标优质 2 级，整精米率 63.6%，垩白粒率 4%，垩白度 0.2%，直链淀粉 16.1%，胶稠度 72 毫米，长宽比为 3.4。高抗稻瘟病，中抗白叶枯病（3 级），植株较高，株型适中，叶色中绿，分蘖力中等，抽穗整齐，后期熟色好，抗倒性强，苗期耐寒性中等。一般亩产 400 千克左右，适宜在广东省各地早、晚造种植。该品种由于丰产性、抗性、米质综合表现突出，在广东省的种植面积上升较快，已成为广东省种植面积最大的常规优质稻品种，华南稻区已有多个省市引种试种。2010 年推广面积为 149 万亩。

（4）桂农占。广东省农业科学院选育（广农占、新澳占、金桂占），2005 年通过广东省农作物品种审定委员会审定，审定编号:粤审稻2005006。

桂农占属早熟籼型常规水稻,晚造全生育期111~118天。株高90.5~95厘米,穗长19.5~20.4厘米,每亩有效穗20.6万~21.2万个,每穗总粒数121粒,结实率79.7%~86%,千粒重22.3克。植株矮壮,叶色中浓,叶片呈倒三角形,穗短,着粒密,前期生长旺,后期熟色好,抗倒力强,耐寒性弱。稻米外观品质鉴定为晚造二级,整精米率61.4%~63.4%,垩白粒率10%~37%,垩白度1.5%~3.7%,直链淀粉含量25.5%~26.1%,胶稠度30毫米,理化分38~48分。中感稻瘟病,中抗白叶枯病(3级)。一般亩产约440千克,适宜广东省各地晚造种植和粤北以外地区早造种植。桂农占是一个超高产潜力大、适应性广的广适型优质超级稻品种,至2010年在广东省累计种植面积达278.81万亩。目前在海南、广西、湖北、湖南、江西等地已有较大的种植面积。

(5)湘早籼45。湖南省益阳市农业科学研究所选育(舟优903/浙辐504),2007年通过湖南省农作物品种审定委员会审定,审定编号:湘审稻2007002。

湘早籼45属中熟早籼常规水稻,在湖南省作双季早稻栽培,全生育期106天左右。株高80~85厘米,叶片厚实挺直,株型松紧适中,茎秆较粗且弹性好,落色好,不落粒。每亩有效穗22万~25万个,每穗总粒数105粒左右,结实率79.1%~92.1%,千粒重23.8~26.2克。感白叶枯病,高感稻瘟病。米质优。米质主要指标:糙米率81.5%,精米率74.3%,整精米率68.5%,粒长6.7毫米,长宽比为3.4,垩白粒率20%,垩白度3.7%,透明度2级,碱消值7.0级,胶稠度60毫米,直链淀粉含量14.5%,蛋白质含量10.9%。一般亩产不低于500千克,适宜在湖南、湖北、江西、广西、福建等地区种植,2009年、2010年推广面积分别为113万亩、225万亩。

二、常规粳稻

(1)盐丰47。辽宁省盐碱地利用研究所选育(AB005S、丰锦、辽粳5号),2006年通过国家农作物品种审定委员会审定,国审编号:国审稻2006068。

盐丰47属中晚熟粳型常规水稻,全生育期157.2天。株高98.1厘米,穗长16.5厘米,每穗总粒数129粒左右,结实率85.1%,千粒重26.2克。抗性:苗瘟5级,叶瘟4级,穗颈瘟5级。主要米质指标:整精米率66.2%,垩白粒率15.5%,垩白度2.8%,胶稠度81毫米,直链淀粉含量15.3%,达到国家《优质稻谷》标准二级。一般亩产量在638千克以上,适宜在辽宁南部、新疆南部、北京、天津稻区种植。2009年、2010年推广面积分别为210万亩、233万亩。

(2)垦稻12。黑龙江省农垦科学院选育(垦稻10号、垦稻8号),2006年通过黑龙江省农作物品种审定委员会审定,审定编号:黑审稻2006009。

垦稻12属中早熟粳型常规水稻,全生育期130~132天,主茎12叶。株高90厘米,穗长18厘米左右,每穗粒数85粒左右,千粒重27克左右。分蘖力较强,抗倒性中等。中抗稻瘟病,对障碍型冷害耐性较强。出米率高,透明度好,外观米质优良,食味好,米质达到国家二级优质稻米标准。一般亩产量在530千克以上,适宜在黑龙江省第二积温带种植。2004~2008年全省累计推广种植1105.25万亩。2009年推广面积达395万亩。

(3)豫粳6号。河南省新乡市农业科学院选育(新稻85~12、郑粳81754),1998年通过国家农作物品种审定委员会审定,审定编号:国审稻980002。

豫粳6号属中晚熟粳型常规水稻,全生育期150天。株高

100 厘米左右，亩穗数 23 万左右，穗呈纺锤形，穗长 15～17 厘米，每穗平均粒数 110～130 粒，结实率 90％，颖尖紫色。谷粒椭圆形，千粒重 25～26 克，糙米率 83.8％，直链淀粉含量 16.8％，品质主要指标达到部颁优质米标准，1995 年获中国农业科技博览会新品种和优质米两项金奖。豫粳 6 号生育期 150 天，中抗稻瘟病，中感白叶枯病，耐稻飞虱。株型紧凑，茎基部节间短，分蘖力强，丰产性好，一般亩产 650 千克。适宜在黄淮粳稻区种植，现为国家北方及河南省粳稻区域试验、生产试验对照品种。在沿黄河稻区表现突出，增产幅度之大，推广速度之快，普及范围之广，前所未有。2010 年推广面积为 53 万亩。

(4) 徐稻 3 号。徐稻 3 号（原名 91069），江苏省徐州市农业科学研究所选育（镇稻 88、台湾稻 C），2003 年通过江苏省农作物品种审定委员会审定，审定编号：苏审稻 200306。

徐稻 3 号属中熟中粳型常规水稻，全生育期 145 天左右。株高 96 厘米，株型集散适中，长势旺盛，茎秆粗壮，抗倒性强，叶色较深，剑叶挺举，穗半直立，分蘖性好，成穗率高，每亩有效穗 22 万个左右，每穗总粒数 130 粒左右，结实率 90％以上，千粒重 27 克，产量水平高，稳产性好，米质优，熟相好，易脱粒。接种鉴定抗白叶枯病，高抗稻瘟病，纹枯病轻，田间种植高抗条纹叶枯病，无稻曲病。糙米率 83.2％，精米率 72.4％，整精米率 68.7％，垩白率 18％，垩白度 1.9％，胶稠度 80 毫米，直链淀粉含量 18.4％，米质理化指标达国家二级优质稻米标准。一般亩产 600～650 千克，高产可达 700～750 千克。适于江淮及淮北稻麦两熟地区种植。2009 年推广面积达 271 万亩。

(5) 浙粳 22。浙江省农业科学院作核所、杭州市种子公司选育，2006 年通过浙江省农作物品种审定委员会审定，审定编号:浙审稻2006013。

浙粳22属晚熟粳型常规水稻,全生育期136.4天。株高97.2厘米,穗长17.9厘米,亩有效穗19.5万个,成穗率76.1%,每穗总粒数112.1粒,实粒数101.5粒,结实率90.5%,千粒重27.0克。茎秆粗壮,较耐肥抗倒,分蘖力中等,穗大粒多,丰产性好,后期青秆黄熟。中抗稻瘟病和白叶枯病,高感褐稻虱。整精米率65.2%,长宽比2.0,垩白粒率11.8%,垩白度2.1%,透明度1.5级,胶稠度66.5毫米,直链淀粉含量15.7%。一般亩产421~488千克,适宜在浙江全省晚粳稻地区作晚稻种植。2010年推广面积为111万亩。

(6)水晶3号。河南省农业科学院选育(郑稻5号、黄金晴),2002年通过河南省农作物品种审定委员会审定,审定编号:豫审稻2002001。

水晶3号属中晚熟粳型常规水稻,全生育期158天。株高102.7厘米,茎秆较细、坚韧有弹性,穗长19.0厘米,散穗型,平均每穗实粒数85.1粒,结实率88.6%,千粒重25.5克。有效穗数每亩28万~30万个。抗稻瘟病、白叶枯病,中感纹枯病生长旺盛,分蘖力强,剑叶中长。粗蛋白质含量8.16%,直链淀粉17.2%,糙米率83.7%,整精米率77.6%,胶稠度81毫米,垩白粒率8%,垩白度0.7%,米质达国家优质食用粳米一级标准,2003年获全国优质大米十大金奖,蒸煮食味好。一般亩产500千克,适宜在河南省南、北稻区种植。

(7)郑旱9号。河南省农业科学院选育(IRAT109、越富),2008年通过国家农作物品种审定委员会审定,审定编号:国审稻2008042。

郑旱9号属粳型常规旱稻,在黄、淮海地区作麦茬旱稻种植,全生育期119天,比对照旱稻277晚熟3天。株高108.1厘米,穗长18.1厘米,每穗总粒数91.3粒,结实率77.7%,千粒重32.9克。抗性:叶瘟5级,穗颈瘟3级;抗旱性3级。米质主要指标:整精米率46.6%,垩白粒率62%,垩白度5.1%,直链淀粉含量13.8%,胶稠度85毫米。一般平均亩产为307~344千克。该品种产量高,抗旱性强,中抗稻瘟病,米质一般。适宜在河南省、江苏省、安徽省、山东省的黄淮流域稻区作夏播旱稻种植。

(8)郑稻19。河南省农业科学院选育(豫粳6号、郑90—36),2008年通过河南省农作物品种审定委员会审定,审定编号:豫审稻2008001。

郑稻19属中晚熟粳型常规水稻,全生育期161天。株高97.8厘米,株型紧凑,茎秆粗壮,分蘖力较强,剑叶较短,叶鞘绿色;亩有效穗数为22万个;穗长16.3厘米,着粒密,粒形卵圆,较易脱粒,每穗总粒数131粒,结实率83%,千粒重24克;后期落黄好。米质达国家优质食用粳米三级标准。抗纹枯病、白叶枯病和条纹叶枯病,中抗穗颈瘟。一般亩产550~600千克,适宜在河南省沿黄稻区,中部颍河、沙河、伊洛河稻区和河南省南部籼稻改粳稻区种植。

(9)郑稻18。河南省农业科学院选育(郑稻2号、郑稻5号),2006年、2007年分别通过河南省和国家农作物品种审定委员会审定,国审编号:国审稻2007033。

郑稻18属中晚熟粳型常规水稻,全生育期159.4天。株高107.1厘米,穗长15.7厘米,每穗总粒数128.1粒,结实率86.5%,千粒重25.1克。抗性:苗瘟4级,叶瘟4级,穗颈瘟3级,综合抗性指数3.3。米质主要指标:整精米率70.3%,垩白粒率23.5%,垩白度3%,胶稠度82毫米,直链淀粉含量16.7%,达到国家《优质稻谷》标准三级。抗稻瘟病、白叶枯病和条纹叶枯病。株型紧凑,茎秆粗壮,分蘖力强,较易脱粒,成熟落黄好。一般亩产 600～650 千克,高产可达 800 千克,适宜在河南沿黄河、山东南部、江苏北部、安徽沿淮及淮北地区种植。2009 年推广面积为 20 万亩。

(10)富源 4 号。宁夏回族自治区种子管理站、区原种场选育,2002 年通过宁夏回族自治区农作物品种审定委员会审定,审定编号:宁审稻 200208。

富源 4 号属早熟粳型常规水稻,全生育期 142 天。株高 99.8 厘米,株型紧凑。茎秆粗壮,分蘖力强,成穗率高,空秕率低,散穗,每穗平均总粒数 78.01 粒,结实粒数 72.4 粒,千粒重 24.2 克,结实率 92.81%。糙米率 83.6%,精米率 76.7%,整精米率 70.9%,垩白粒率 28%,垩白度 3.9%,透明度一级,胶稠度 84 毫米,直链淀粉含量 17.1%,蛋白质含量 7.0%。米质分析 12 项指标,有 8 项达到部颁一级优质米标准,2 项达到二级优质米标准。幼苗长势旺,耐低温、抗盐碱能力强,抗稻瘟病、白叶枯病。丰产、稳产性好。一般亩产 650 千克,高产可达 750 千克,适宜在宁夏地区各市县直播和插秧栽培。2009 年、2010 年推广面积分别为 45 万亩、44 万亩。

(11)郑旱 10 号。河南省农业科学院选育(郑州早粳/中02123),2012 年通过国家农作物品种审定委员会审定,审定编号:国审稻 2012043。

郑旱 10 号属粳型常规旱稻,在黄、淮海地区作麦茬旱稻种植,全生育期平均 118 天,比对照旱稻 277 长 3 天。株高 83.6 厘米,穗长 14.7 厘米,每穗总粒数 74.3 粒,结实率 88.5%,千粒重 28.1 克。抗性:稻瘟病综合抗性指数 4.0,穗颈瘟损失率最高级 3 级,中抗稻瘟病;抗旱性中等 5 级。米质主要指标:整精米率 62.4%,垩白粒率 41%,垩白度 2.8%,胶稠度 79 毫米,直链淀粉含量 17.1%。一般平均亩产为319.8～371.1千克。适宜在河南省、江苏省、安徽省、山东省的黄淮流域稻区作夏播旱稻种植。

三、杂交水稻品种

(一)两系杂交水稻

(1)两优6326。安徽省宣城市农业科学研究所选育，2004年通过安徽省农作物品种审定委员会审定，审定编号：国审稻2007013。

两优6326属籼型两系杂交水稻。在长江中下游作一季中稻种植，全生育期平均129.6天，比对照Ⅱ优838早熟4.6天。株型适中，茎秆粗壮，长势繁茂，叶色浓绿，剑叶挺直，熟期转色好，每亩有效穗数15.4万个，株高120.0厘米，穗长24.3厘米，每穗总粒数178.7粒，结实率82.9%，千粒重27.2克。2005年参加长江中下游中籼迟熟组品种区域试验，平均亩产581.18千克，比对照Ⅱ优838增产7.46%(极显著)；2006年续试，平均亩产573.75千克，比对照Ⅱ优838增产4.39%(极显著)；两年区域试验平均亩产577.46千克，比对照Ⅱ优838增产5.91%。2006年生产试验，平均亩产549.21千克，比对照Ⅱ优838增产3.73%。抗性：稻瘟病综合指数7.2级，穗瘟损失率最高9级；白叶枯病7级。米质主要指标：整精米率65.9%，长宽比3.0，垩白粒率27%，垩白度3.2%，胶稠度50毫米，直链淀粉含量14.8%。适宜在江西、湖南、湖北、安徽、浙江、江苏的长江流域稻区(武陵山区除外)以及福建北部、河南南部稻区的稻瘟病、白叶枯病轻发区作一季中稻种植。

(2)Y两优1号。湖南省杂交水稻研究中心选育，2006年通过湖南省农作物品种审定委员会审定，审定编号：国审稻2008001。

Y两优1号属籼型两系杂交水稻。在华南作双季早稻种植,全生育期平均133.2天,比对照Ⅱ优128长0.1天。株型紧凑,叶色浓绿,剑叶挺直窄短,二次灌浆明显,每亩有效穗数18.5万穗,株高114.7厘米,穗长23.6厘米,每穗总粒数133.3粒,结实率82.2%,千粒重26.0克。抗性:稻瘟病综合指数5.1级,穗瘟损失率最高9级,抗性频率56.7%;白叶枯病5级,褐飞虱7级,白背飞虱5级。米质主要指标:整精米率64.0%,长宽比3.0,垩白粒率27%,垩白度3.9%,胶稠度73毫米,直链淀粉含量13.0%。在长江中下游作一季中稻种植,全生育期平均133.5天,比对照Ⅱ优838长0.3天。株型紧凑,叶片直挺稍内卷,熟期转色好,每亩有效穗数16.7万个,株高120.7厘米,穗长26.3厘米,每穗总粒数163.9粒,结实率81.0%,千粒重26.6克。抗性:稻瘟病综合指数5.0级,穗瘟损失率最高9级,抗性频率90%;白叶枯病平均6级,最高7级。米质主要指标:整精米率66.9%,长宽比3.2,垩白粒率33%,垩白度4.7%,胶稠度54毫米,直链淀粉含量16.0%。适宜在海南、广西南部、广东中南及西南部、福建南部的稻瘟病轻发的双季稻区作早稻种植,以及在江西、湖南、湖北、安徽、浙江、江苏的长江流域稻区(武陵山区除外)和福建北部、河南南部稻区的稻瘟病、白叶枯病轻发区作一季中稻种植。

(3)株两优02。湖南省亚华种业科学研究院选育,2002年通过湖南省农作物品种审定委员会审定,审定编号:XS046-2002。

株两优02属籼型两系杂交水稻,在桂中、桂北作早稻种植,全生育期103~113天,与对照金优463相仿。株型适中,主茎叶片数12~13,剑叶长22厘米左右,宽约1.5厘米,夹角小,叶姿较挺,熟期转色好,谷壳薄,颖尖无芒。主要农艺性状表现(平均值):株高97.1厘米,每亩有效穗数18.7万个,穗长20.4厘米,着粒密,每穗总粒数122.3粒,结实率83.1%,千粒重25.8克,谷粒长9.5毫米,长宽比3.2。2002年参加桂中北稻作区早稻早熟组区域试验,平均亩产451.4千克,比对照金优974增产8.9%(极显著);2003年续试,平均亩产485.6千克,比对照金优463增产2.8%(不显著)。2003年生产试验平均亩产431.7千克,比对照金优463减产0.8%。抗性:苗叶瘟7级,穗瘟9级,白叶枯病6级,褐稻虱8.9级。米质主要指标:整精米率40.0%,长宽比3.2,垩白粒率77%,垩白度23.9%,胶稠度81毫米,直链淀粉含量22.2%。适宜在长江流域的湖南、江西、浙江及福建北部等地区种植。

(4)丰两优1号。安徽省合肥市丰乐种业股份有限公司选育,2004年通过河南省农作物品种审定委员会审定,审定编号:豫审稻2004001。

丰两优1号属中熟两系杂交籼稻品种,全生育期135天,与籼优63相仿。生长势强,叶色浓绿,分蘖力较强,剑叶挺直,株型紧凑,茎秆粗壮,株高126厘米,后期青秆黄熟。每穗总粒数180~200粒,结实率85%,千粒重29克,子粒细长,垩白少,品种较耐寒、耐肥。2001年参加豫南稻区中籼区域试验,8处汇总平均亩产666.7千克,比对照一豫籼3号增产12.5%(极显著),比对照二籼优63增产5.1%,居12个品种第1位;2002年续试,平均亩产580.4千克,比对照一豫籼3号增产18.5%,比对照二Ⅱ优838减产1.2%,居11个品种第3位。抗性:2001年经安徽省农业科学院鉴定,中抗白叶枯病(3级),中感稻瘟病(4级),田间表现耐纹枯病,轻感稻曲病。1999年经国家稻米品质检测中心(杭州)品质分析:糙米率81.5%,精米率74.2%,整精米率64.4%,粒长6.9毫米,长宽比2.9,垩白率2%,垩白度0.1%,透明度1,

碱消值 7.0，胶稠度 98 毫米，直链淀粉含量 15.0%，蛋白质含量 11.2%，除直链淀粉达二级以外其他指标达优质一级米标准。适宜在豫南籼稻区推广种植。

(5)6 优 53。河南省信阳市农业科学研究所选育，2012 年通过河南省农作物品种审定委员会审定，审定编号：豫审稻 2012006。

6 优 53 属两系杂交粳稻品种，全生育期平均 167.6 天，比对照豫粳 6 号晚熟 9.8 天，比 9 优 418 晚熟 1.1 天。株型紧凑，株高 120.7 厘米，茎秆粗壮；亩基本苗 6.2 万株，最高分蘖 26.1 万株，有效穗 17.8 万个；穗长 23.8 厘米，平均每穗总粒数 183.6 粒，实粒数 124.8 粒，结实率 69.5%，千粒重 26.5 克。2008 年参加河南省粳稻品种区域试验，12 点汇总，11 点增产 1 点减产，平均亩产稻谷 578.4 千克，较对照豫粳 6 号增产 9.4%，达极显著，居 15 个参试品种第 4 位。2009 年续试，14 点汇总，11 点增产 3 点减产，平均亩产稻谷 575.9 千克，比较对照 9 优 418 增产 7.1%，达极显著，居 15 个参试品种第 7 位。2010 年经江苏省农业科学院植物保护研究所接种鉴定，对稻瘟代表菌株的 6 个小种 ZB15、ZC15、ZD1、ZF1、ZE1 和 ZG1 表现为抗病（0 级），抗穗颈瘟（1 级）；中抗纹枯病（MR）；中抗白叶枯病代表菌株浙 173、PX079（3 级），对白叶枯病代表菌株 KS－6－6 表现中感（5 级），对 JS－49－6（7 级）表现感。2009 年经农业部食品质量监督检验测试中心（武汉）检测：出糙率 81.4%，精米率 70.8%，整精米率 57.6%，粒长 7.0 毫米，粒型长宽比 3.2，垩白粒率 43%，垩白度 7.3%，胶稠度 81 毫米，透明度 1 级，碱消值 6.0 级，直链淀粉含量 14.6%。2010 年测试：出糙率 79.2%，精米率 69.2%，整精米率 53.8%，粒长 6.0 毫米，粒型长宽比 2.4，垩白粒率 58%，垩白度 8.1%，胶稠度 72 毫米，透明度2级，碱消值4.0级，直链淀粉含量20.3%。适宜在河南省南部稻区种植。

(6) 信杂粳1号。河南省信阳市农业科学研究所选育，2003年通过河南省农作物品种审定委员会审定，审定编号：豫审稻2003001。

信杂粳1号属亚种间两系杂交粳稻组合。生育期140～145天，幼苗叶鞘紫色，叶片颜色浓绿，株型松散适中，株高110～115厘米，穗型下垂，穗长23厘米，叶片形态微内卷。叶宽窄中等，叶势直立型，穗分枝中等，穗粒数140粒，结实率85%～90%，粒橙色、椭圆，粒长5.2毫米，长宽比2.2，千粒重23克。2000年参加河南省南部稻区中籼迟熟组区域试验，平均亩产556千克，比对照CO12增产15.8%。2001年续试，平均亩产637.6千克，比对照豫粳6号增产6.1%。2002年参加河南省南部稻区生产试验，平均亩产557.4千克，比籼型杂交稻对照Ⅱ优838减产0.8%，比第二对照豫籼3号增产13.3%。高抗稻瘟病、颈瘟病，高抗、中抗白叶枯病，感稻曲病。耐寒性强，抗倒性强。糙米率82%，精米率75.2%，整精米率71.4%。子粒蛋白9.2%，垩白粒率16%，垩白度1.5%，直链淀粉含量19.3%，胶稠度88毫米。适宜在豫南稻区种植。

(7) 信旱优26。河南省信阳市农业科学研究所选育，2009年通过国家农作物品种审定委员会审定，审定编号：国审稻2009051。

信旱优26属两系粳型杂交旱稻。在黄、淮海地区作麦茬旱稻种植，全生育期124天，比对照旱稻277晚熟12天。株高106.8厘米，穗长21.2厘米，每亩有效穗数22.4万个，每穗粒数128.7粒，结实率75.6%，千粒重23.7克。2007年参加黄、淮海麦茬稻区中晚熟组旱稻品种区域试验，平均亩产为

363.2千克,比对照旱稻277增产28.5%(极显著)。2008年平均亩产为388.2千克,比对照旱稻277增产25.7%(极显著)。两年区域试验平均亩产为375.7千克,比对照旱稻277增产27.1%,增产点比例96%。2008年生产试验,平均亩产为413.2千克,比对照旱稻277增产31.9%。抗性:稻瘟病综合抗性指数3.5,穗颈瘟损失率最高级3级,抗旱性5级。米质主要指标:整精米率50.8%,垩白粒率59%,垩白度6.8%,直链淀粉含量19.5%,胶稠度74毫米。适宜在河南省、江苏省、安徽省、山东省的黄淮流域作夏播旱稻种植。

(8)两优培粳。河南省信阳市农业科学研究所选育,2003年通过国家农作物品种审定委员会审定,审定编号:国审稻2003075。

该品种属粳型两系杂交稻组合,在京、津、唐地区种植,全生育期164.2天,比对照中作93早熟8天。株高118.4厘米,根系发达,分蘖力强,茎秆粗壮,弹性好,耐肥抗倒,主茎总叶片数16片,株型松散适中。每穗总粒数173.6粒,结实率83.6%,千粒重24.2克。2001年参加北方稻区国家水稻品种区域试验,平均亩产567.0千克,比对照中作93增产8.2%(不显著)。2002年续试,平均亩产655.0千克,比对照中作93增产22.1%(极显著)。2002年生产试验平均亩产604.8千克,比对照中作93增产19.9%。抗性:苗瘟3级,叶瘟1级,穗颈瘟1级。主要米质指标:整精粒率67.4%,垩白粒率53.5%,垩白度18.1%,胶稠度77毫米,直链淀粉含量20.7%。适宜在北京、天津以及河北省的中部和北部作一季春稻种植。

(二)三系杂交水稻

(1)新两优6号。华中油菜种业有限公司引进,2006年通过河南省引种试验,引种编号:豫引稻2006003。

新两优 6 号属籼型三系杂交水稻组合。全生育期 140 天。株型紧凑，株高 116.5 厘米，生长繁茂，分蘖力较强，茎秆中粗且弹性好；剑叶上举；后期成熟落色好，子粒饱满；平均亩有效穗 17.8 万个，穗总粒数 177 粒，结实率 76.5%，千粒重 28 克。田间表现中抗稻瘟病、白叶枯病，轻感稻曲病。整精米率 62.2%，长宽比为 3.2，垩白粒率 14%，垩白度 2.7%，直链淀粉含量 14.7%，胶稠度 60 毫米。一般亩产 550～650 千克。适宜在豫南籼稻区引进种植。

（2）岳优 9113。湖南省岳阳市农业科学研究所选育，2004 年通过湖南省、湖北省农作物品种审定委员会审定，审定编号：国审稻 2004036。

岳优 9113 属籼型三系杂交水稻，在长江中下游作双季晚稻种植，全生育期平均 113.5 天，比对照籼优 46 早熟 4.4 天。株高 92.7 厘米，株型适中，长势繁茂，剑叶短而窄，抗倒伏性强，较易落粒。每亩有效穗数 22.6 万个，穗长 22.7 厘米，每穗总粒数 107.8 粒，结实率 80.3%，千粒重 25.5 克。2002 年参加长江中下游晚籼中迟熟优质组区域试验，平均亩产 438.38 千克，比对照籼优 46 增产 1.88%（不显著）；2003 年续试，平均亩产 502.74 千克，比对照籼优 46 增产 6.01%（极显著）；两年区域试验平均亩产 470.56 千克，比对照籼优 46 增产 3.94%。2003 年生产试验平均亩产 459.91 千克，比对照籼优 46 增产 8.69%。抗性：稻瘟病 9 级，白叶枯病 5 级，褐飞虱 9 级。米质主要指标：整精米率 50.3%，长宽比为 3.4，垩白粒率 23%，垩白度 3.8%，胶稠度 59 毫米，直链淀粉含量 21.8%。适宜在广西中北部、福建中北部、江西中南部、湖南中南部以及浙江南部稻瘟病轻发区作双季晚稻种植。

（3）Ⅱ优 838。四川省原子核应用技术研究所选育，

1995年通过四川省农作物品种审定委员会审定，1998年通过河南省农作物品种审定委员会审定，审定编号：国审稻990016。

Ⅱ优838属中籼迟熟三系杂交组合。该组合全生育期145~150天，比籼优63长1~3天。株高115厘米，茎秆粗壮，主茎叶片17~18叶，剑叶直立，叶鞘、叶间紫色。分蘖力中上，略次于籼优63。穗长25厘米，主穗粒数150~180粒，结实率85%~95%，千粒重29克。1994年参加全国南方稻区区域试验，平均亩产604.33千克，比对照籼优63增产3.76%；1995年续试平均亩产562.67千克，比对照籼优63增产1.5%。糙米率79.8%，精米率73.4%，整精米率42.6%，胶稠度55毫米，直链淀粉含量22.8%，米质较好。抗倒伏，抗稻瘟病，抽穗扬花期对气温环境的适应性较好。适宜在四川、重庆、河南等同生态类型地区的稻瘟病轻发区作中稻种植。

(4)淦鑫203。广东省农业科学院水稻研究所、江西省现代种业有限责任公司和江西省农业大学农学院选育，2006年通过江西省农作物品种审定委员会审定，审定编号：国审稻2009009。

淦鑫203属籼型三系杂交水稻。在长江中下游作双季早稻种植，全生育期平均114.4天，比对照金优402长1.7天。株型适中，叶色淡绿，叶片挺直，剑叶短宽挺，熟期转色好，叶鞘、稃尖紫色，穗顶部间有短芒，每亩有效穗数21.8万个，株高95.5厘米，穗长18.4厘米，每穗总粒数103.5粒，结实率86.3%，千粒重28.3克。2007年参加长江中下游迟熟早籼组品种区域试验，平均亩产513.46千克，比对照金优402增产4.37%（极显著）；2008年续试，平均亩产528.49千克，比对照金优402增产4.94%（极显著）；两年区域试验平均亩产

520.97千克,比对照金优402增产4.66%,增产点比例88.3%;2008年生产试验,平均亩产537.34千克,比对照金优402增产4.37%。抗性:稻瘟病综合指数4.7级,穗瘟损失率最高7级,白叶枯病5级,褐飞虱9级,白背飞虱9级。米质主要指标:整精米率48.6%,长宽比为2.9,垩白粒率49%,垩白度12.1%,胶稠度51毫米,直链淀粉含量20.9%。适宜在江西平原地区、湖南以及福建北部、浙江中南部的稻瘟病轻发的双季稻区作早稻种植。

(5)金优207。湖南省杂交水稻研究中心选育,1998年通过湖南省农作物品种审定委员会审定,审定编号:湘品审225号。2000年通过广西壮族自治区农作物品种审定委员会审定,审定编号:桂审稻2001103号。2000年通过贵州省农作物品种审定委员会审定,审定编号:黔品审243号。2002年通过湖北省农作物品种审定委员会审定,审定编号:鄂审稻020-2002。

金优207属籼型三系杂交晚稻组合,中感光温,短日高温生育期长。在湖南全生育期115天,比威优64长1天。株高100厘米左右,株型适中,分蘖力较弱,穗型较大,后期落色好。每穗120粒左右,结实率80%,谷长粒型,千粒重26克。1996~1997年参加湖南省区域试验,平均亩产470千克,比威优64增产6%。抗病性:湖南鉴定中抗稻瘟病,不抗白叶枯病,湖北鉴定感稻瘟病。米质较好,湖南检测精米率69.3%,整精米率60%,精米长7.3毫米,长宽比为3.3,垩白粒率67%,垩白度12.5%,碱消值6.2级,胶稠度34毫米,直链淀粉含量22%,蛋白质含量10.6%。适宜在广西中北部、湖南、江西白叶枯病轻发区和湖北稻瘟病无病区或轻病区作晚稻种植,以及在贵州海拔700~1200米区域作一季中稻种植。

(6)冈优725。四川省绵阳市农业科学研究所选育,1998年通过四川省农作物品种审定委员会审定,2000年通过贵州省农作物品种审定委员会审定。审定编号:国审稻2001006。

冈优725属中籼迟熟三系杂交水稻品种。全生育期150天左右,与汕优63相当。株高115厘米,株型紧凑,叶片硬直,剑叶较长,叶色深绿,叶舌、叶耳、柱头紫色,主茎叶片数17叶,分蘖力中等,成穗率50%~60%,穗大粒多,穗长25厘米,平均每穗着粒数180~190粒,结实率85%左右,穗层整齐。谷壳黄色,米粒长宽比为2.3,颖尖有色,有短顶芒,斜肩,护颖短,千粒重26克左右。再生力较强。1996~1997年参加四川省中籼迟熟组区域试验,两年平均亩产576.16千克,比汕优63增产4.16%,1997年参加四川省中籼迟熟杂交稻生产试验,平均亩产594.5千克,比汕优63增产8.55%。1997~1998年参加贵州省区域试验,两年平均亩产548.4千克,比对照汕优63增产3.09%,1998年参加贵州省生产试验,平均亩产587.6千克,比对照汕优63增产6.72%;1997~1998年参加全国南方稻区中籼中晚熟组区域试验,两年平均亩产556.51千克,比对照汕优63增产3.07%。抗性:稻瘟病5~9级,白叶枯病5~9级,稻飞虱7~9级。米质主要指标:整精米率51.6%,胶稠度69毫米,直链淀粉含量19.02%。适宜在四川平坝、丘陵区及贵州省海拔1100米以下的地区作一季中稻种植。

(7)Ⅱ优688。河南省信阳市农业科学研究所选育,2009年通过河南省农作物品种审定委员会审定,审定编号:豫审稻2009006。

Ⅱ优688属三系中籼杂交稻品种,全生育期146天。株型紧凑,株高122厘米;茎叶夹角小,剑叶直立,分蘖力较强,抽穗速度较快，抽穗整齐；茎秆粗壮，抗倒伏；穗长24厘米，亩成穗17万～18万个，成穗率70%左右，每穗粒数165粒，结实率85%左右，千粒重28～29克。2006年参加河南省籼稻区域试验，平均亩产稻谷538.9千克，比对照Ⅱ优838增产2.2%；2007年续试，平均亩产稻谷580.5千克，比对照Ⅱ优838增产11.1%。2008年参加河南省籼稻生产试验，平均亩产稻谷618.1千克，比对照Ⅱ优838增产8.5%。抗性鉴定，2008年江苏省农科院植保所接种鉴定，对稻瘟病病菌代表菌株均表现抗病(0级)，对穗颈稻瘟表现为抗(1级)，对白叶枯病菌系KS－6－6表现中感(5级)，对浙173表现属感病(7级)，对菌系PX079和JS49－6表现为抗(1级)，对纹枯病表现为中感(MS)。品质分析：2007年、2008年经农业部食品质量监督检验测试中心（武汉）检测，出糙米率73.6%、79.9%，精米率62.8%、72.4%，整精米率50.4%、65.1%，垩白粒率48.0%、67.0%，垩白度5.3%、9.4%，直链淀粉含量21.1%、21.0%，粒型(长宽比)2.3、2.3，透明度2/1级，胶稠度54毫米、54毫米，减消值5.0、4.0。适宜在河南省南部籼稻区种植。

（8）金优402。1997年通过湖南省农作物品种审定委员会审定，审定编号：湘品审第199号。1999年通过江西省农作物品种审定委员会审定，审定编号：赣审稻1999004。2001年通过广西壮族自治区农作物品种审定委员会审定，审定编号：桂审稻2001072号。2002年通过湖北省农作物品种审定委员会审定，审定编号：鄂审稻006－2002。

金优402属三系杂交迟熟早籼组合。在湖南、江西全生育期113～115天。株型适中，株高85厘米左右，叶鞘、稃尖紫色，剑叶中长、窄而直立，后期落色好，每穗粒数95粒左右，结实率75%左右，千粒重26克左右。1994～1995年参加湖南省区域试验,平均亩产457.6千克,与威优48相当。江西大田一般亩产430~480千克。抗病性中等,湖南鉴定中感稻瘟病和白叶枯病,叶瘟4级、穗瘟4级、白叶枯5级。米质中等,湖南检测糙米率80%,精米率71.0%,垩白粒率84%,垩白度18%,食味较好。适宜在湖南、湖北及江西中北部、广西中北部作早稻种植。

(9)冈优5330。河南省信阳市农业科学研究所选育,2012年通过河南省农作物品种审定委员会审定,审定编号:豫审稻2012010。

冈优5330属三系杂交籼稻品种,全生育期平均150天,比对照Ⅱ优838早熟0.2天。株型紧凑,株高135厘米;剑叶较长直立上举,茎叶夹角小,颖尖紫色,无芒;大田基本苗7.0万株,最高分蘖21.6万株,有效穗14.8万个;穗长25.6厘米,平均每穗总粒数199.6粒,实粒数169.5粒,结实率84.8%,千粒重29.7克。2009年参加河南省籼稻品种区域试验,9点汇总,7点增产,2点减产,平均亩产稻谷591.1千克,比较对照Ⅱ优838增产6.03%,达极显著,居20个参试品种第2位;2010年续试,9点汇总,8点增产,1点减产,平均亩产稻谷580.0千克,比较对照Ⅱ优838增产6.2%,达极显著,居19个参试品种第2位。2011年参加河南省生产试验,6点汇总,6点增产,平均亩产稻谷615.7千克,比较对照Ⅱ优838增产8.5%,居9个参试品种第1位。2011年经江苏省农科院植保所抗病性鉴定:抗稻瘟病(0级),对叶瘟ZD1表现为感(5级),中抗穗颈瘟(2级),抗纹枯病(R),对水稻白叶枯病代表菌株浙173和KS-6-6表现感(5级),对JS49-6和PX079表现中抗(3级)。2010年经农业部食品质量监督检验测试中心(武汉)检测:出糙率80.4%,精米率70.6%,整精米率59.7%,粒长5.9毫米,粒型长宽

模块三　水稻规模化栽培的产前准备

比2.3，垩白粒率74%，垩白度10.4%，透明度2级，碱消值5.0级，胶稠度60毫米，直链淀粉含量19.2%。2011年检测：出糙率80.6%，精米率71.6%，整精米率67.4%，粒长6.1毫米，粒型长宽比2.2，垩白粒率55%，垩白度5.5%，胶稠度48毫米，透明度1级，碱消值6.0级，直链淀粉含量19.8%。适宜在豫南稻区高水肥地种植。

(10) T优207。湖南省杂交水稻研究中心选育，2001年通过广西农作物品种审定委员会审定，审定编号：桂审稻2001065号；2002年通过贵州农作物品种审定委员会审定，审定编号：黔审稻2002002号；2003年通过湖南省农作物品种审定委员会审定，审定编号：XS011－2003；2005年通过江西省农作物品种审定委员会审定，审定编号：赣审稻2005036；2006年通过湖北省农作物品种审定委员会审定，审定编号：鄂审稻2006009。

T优207属籼型三系杂交水稻，株高105厘米，株型适中，叶色蓝绿，剑叶直立长而不披，属叶下禾，剑叶夹角小。分蘖力中等，每亩有效穗20万个左右，穗长24厘米，每穗总粒119粒，结实率82.9%，千粒重26克。全生育期114天，比威优77长5天，属晚籼迟熟偏早类型。湖南省区域试验两年平均亩产492.2千克，比对照威优77高3.5%。经湖南省区域试验抗病性鉴定：叶稻瘟5级，穗稻瘟5级，白叶枯病5级。检测：稻谷出糙率81.5%，精米率69.9%，整精米率60%，长宽比3.1。垩白粒率32.5%，垩白度3.3%。适宜在广西中部、北部作早、晚稻，贵州省中早熟籼稻区、湖南省双季晚稻、江西全省及湖北省稻瘟病无病区或轻病区作一季晚稻种植。

(11) 9优418（天协1号）。江苏省徐淮地区徐州农业科学研究所选育（9201A×C418），2000年和2002年分别通过国家

049

和安徽省农作物品种委员会审定，审定编号分别为国审稻20000009 和皖品审 02010330。

9 优 418（天协 1 号）属三系杂交粳稻。全生育期 155 天左右，株型紧凑挺拔，分蘖力中上，有效穗每亩 16 万～18 万个。株高 120～125 厘米，主茎总叶片数 18 张，伸长节间 6 个。茎秆弹性好，抗倒伏能力强。单株有效穗 8～10 个，穗长 25 厘米，一次枝梗 11.3 个，二次枝梗 35.2 个，每穗总粒数 170～190 粒，结实率 80%以上，千粒重 26～27 克。糙米率 83.2%，精米率 75.1%，整精米率 61.4%，垩白度 21.7%，碱消值 7.0 级，胶稠度 76 毫米，直链淀粉含量 16.5%。中抗稻瘟病，抗白叶枯病，抗条纹叶枯病。1998 年全国北方稻区豫粳 6 号组区域试验，平均亩产量 630.3 千克，比对照豫粳 6 号增产 8.6%，极显著，居第一位。1999 年续试，亩产量 629.8 千克，比对照豫粳 6 号增产 10.6%，位居第二。两年平均亩产量 622.1 千克，比豫粳 6 号增产 9.61%，1999 年生产试验平均亩产量 637.7 千克，比豫粳 6 号增产 10.6%。大面积种植一般亩产 650 千克左右，高产超过 800 千克。适宜在山东省南部、安徽省淮北地区种植，至 2008 年累计推广 800 万亩以上，主要分布在江苏苏中、沿淮，安徽淮北，河南南阳、驻马店、信阳等地。四川南充、湖南资兴地区也有一定种植面积。

第五节　水稻良种及其影响因素

一、优良水稻品种

优良水稻品种是人类在生产实践中采用一定的育种手段，经过选择、培育和繁殖而成的栽培水稻群体。同一群体内的个

模块三 水稻规模化栽培的产前准备

体的生物学特征和性状整齐一致,具有高产、优质、抗病和适应性好的特点。

优质米是指采用优质品种种植生产的优质稻谷为原料加工精制的、质量符合国家相应质量卫生标准的大米。简单概括就是没有污染的、好看又好吃的大米。

由于水稻的用途比较单一,85%直接用于食用,因此优质大米最重要的要求是食味好。在国际和国内市场,不同食味品质的稻米的商品差价较大。优质食味粳米一般具有以下特点:米饭外观透明有光泽,粒形完整;无异味,具有米饭的特殊香味;咀嚼饭粒有软、滑、黏及弹力感,咀嚼不变味,有微弱甜味。

稻米品质是一个综合性状,包括加工品质、外观品质、食用品质、营养品质和卫生品质等。加工品质又称碾米品质,主要包括糙米率、精米率和整精米率。外观品质包括粒形、透明度、垩白粒率、垩白大小、垩白度等。食用品质包括糊化温度、直链淀粉含量、胶稠度和米饭食味。营养品质主要包括蛋白质含量、氨基酸组成和矿物质含量。卫生品质主要包括农药残留、重金属和化学肥料的污染程度,不属于稻谷品种评价指标。

整精米率是碾米品质中最重要的指标,农业部食用稻品种品质标准(NY/T593)规定粳稻谷一、二、三、四、五级整精米率分别为≥72.0%、≥69.0%、≥66.0%、≥63.0%、≥60.0%。国家优质稻谷标准(GB17891)规定粳稻谷一、二、三级的整精米率分别为≥66.0%、≥64.0%和≥62.0%。

粒形和垩白度是外观品质中的主要指标,农业部食用稻种品质标准(NY/T593)规定粳稻谷垩白度一、二、三、四、五级分别为≤1.0%、≤3.0%、≤5.0%、≤10.0%、≤15.0%,国家优质稻谷标准(GB 17891)规定粳稻谷一、二、三级的垩白度分别为≤1%、≤3%、≤5%。粒形属于稻米分类指标，不是分级指标，因此没有规定。

糊化温度、直链淀粉含量、胶稠度等理化指标是间接评定稻米食味的指标，由于粳稻这些理化指标差异较小，因此对食味的区分比较困难。目前，米饭感官食味品尝是判断食味好坏最有效的方法。国家优质稻谷标准（GB17891）规定粳稻谷一、二、三级的食味评分分别为90分、80分和70分。

原产地域保护大米产品，就是在特定的地域内，用特定地域的原材料，按照传统工艺进行生产，它的质量特色或者声誉主要取决于其产地的地理特征。这种产品要依照规定经审核批准，才能以原产地域名称命名。如黑龙江的五常大米和辽宁的盘锦大米，都是国家质量监督行政主管部门根据"原产地域产品保护规定"批准保护的大米产品。

五常大米由于产地的土壤类型以沙壤土为主，灌溉水质好，雨热同季，日照充足，生长季节平均气温在18～22℃，平均昼夜温差13℃，主栽品种是当地培育的五优稻系列和松粳系列优质品种，米饭口感绵软略黏、香甜，饭粒表面有油光，冷后仍保持良好口感，受到广大消费者的称赞。

盘锦大米因产地位于东北松辽平原南端，水稻生长季节热量资源丰富，雨热同季，日照充足，在水稻抽穗至成熟期内，平均气温在20℃以上，灌溉水以太子河上游水库和地下水为水源。该区域属退海冲积平原，土壤类型是滨海盐型水稻土，耕层土壤为弱碱性盐碱地，pH为8.0～9.1，全盐含量1.0～6.0克/千克，镁、钾等元素含量高。主栽品种是当地培育的辽盐系列优质粳稻品种，这些都是产生好吃大米的重要条件。该区域大米具有固有的自然清香味。

国际知名品牌优质稻米均是由最佳产地的优质稻品种生产加工出来的，优质水稻品种种植在最佳生态适应区域或最佳产地是提高大米食味、创造原产地域品牌的重要标志。可见用品种和产地可以简单地标识优质稻米的身份。

绿色食品大米是遵循可持续发展的原则,按照特定的生产方式生产,经专门机构认定,许可使用绿色食品商标标志的无污染、安全、优质的大米。优良品种的选育是根据育种目标,应用不同的育种方法如系统育种、杂交育种、辐射育种等创造变异,在变异群体中选择符合育种目标的植株,经过连续多年的培育,选育出稳定的优良品系。再通过品比试验、国家或省级区域试验和生产试验,经过反复与生产上应用的品种对照比较,证明比已经应用的品种在某些特性上更有推广价值,经各级品种审定委员会审定命名,最终成为生产上推广应用的优良新品种。

二、稻米品质提升

(一)水稻品质的影响因素

水稻从栽培到消费食用要经过生产、收获、干燥、储藏、加工等环节,每个环节都会对米质产生影响。稻米品质是在品种遗传特性和环境因素的共同作用下,通过籽粒灌浆充实过程中复杂的生理代谢变化而形成的。因此,不同品种、不同年份、不同地点的稻米品质变化较大。

影响稻米品质的最主要因素是品种遗传特性,同时地域环境和栽培技术、收获加工质量等的影响也较大。影响稻米品质的主要环境和栽培因素有:气象生态(温度、光照)、土壤质地肥力、灌溉水质和农艺措施等。气候因素中温度的影响最大,其次是肥料、水分。

灌浆结实期气象生态因子对稻米品质的影响,主要反映在温度和光照方面。在水稻灌浆结实期,温度对整精米率的贡献率约占88%,光照约占7%。粳稻灌浆结实期的最适宜温度为

21.5~26℃，温度过高或过低均不利于良好的碾米品质、外观品质和食味品质的形成。较大的温度日差和适中的相对湿度（75%~90%）有利于碾米品质的提高。因此，粳稻采取早育秧、育壮秧、浅水增温、科学灌溉和适时收获等技术可以提高米质。

土壤类型不同，米质也有差异，一般排水良好的沙壤土、盐碱地生产的粳稻的食味明显好于泥炭土、草炭土生产的粳稻。草炭土有机质含量过高，土壤透气性差，生产的稻米食味差。

天然无污染灌溉用地表水种植的粳稻，米质明显优于井水灌溉种植的米质，因为江、河、湖和水库来源的灌溉水，温度高、矿物质元素含量丰富、含氧量高，有利于粳稻的生长发育；而井水灌溉时必须采取增温措施。水层管理做到幼穗分化期、抽穗期和灌浆期浅水灌溉。

灌浆成熟期做到干湿适宜，黄熟期排水晒田，促进成熟。收割时做到田间无水。

施肥对粳稻的整精米率、垩白率、蛋白质含量和食味等有很大影响。运用平衡施肥技术控制氮肥、磷肥、钾肥的比例和穗肥、粒肥的施用。生产优质食味稻米的关键在于掌握适合当地气候及土壤条件的氮素施用量，而且通过生育期间的氮素诊断，适当控制开花期、乳熟期的氮素吸收。

（二）提高稻米品质的方法

稻米除品种本身的遗传特性外，栽培条件对稻米的品质也有很大影响，改善栽培条件是提高稻米品质的重要措施之一。在优质稻生产上，重点应抓好以下几个环节：

（1）培肥地力，科学施肥。优质米高产栽培必须注意保持土壤较高的有机质含量和土壤养分平衡。一般土壤耕层有机质的含量要达到1.5%或以上，每亩施有机肥3立方米以上，作为底肥一次性施入。连续施用有机肥,对改良土壤、增加有机质含量、保持土壤养分平衡和保证后期养分供给有重要作用。在化肥的使用上,要把握两点:一是要做到平衡施肥,注意化肥品种和数量的合理搭配;二是要适当增加基肥的使用数量,确保基肥使用数量达到40%。同时,要控制后期氮肥的使用数量。

(2)适时早插,合理稀植。通过适时早插促进早生快发,争取低位分蘖,提高分蘖成穗率,确保水稻早抽穗和安全成熟。这对于提高籽粒的饱满度和稻米品质都是有利的。此外,通过合理稀植,建立合理的群体结构,实现小群体、壮个体,保证水稻植株生长的健壮。这样不仅可以有效地防止倒伏,减轻纹枯病的发生,同时也有利于形成大穗。

(3)改善灌溉条件,科学管水。生产优质稻米,用污水灌溉是绝对禁止的。因此,应加强水资源管理,尽可能改善灌区流域内的环境条件,消除工业"三废"和生活垃圾对水资源的污染。

(三)优质水稻的生产技术

以一家一户为主体的小规模传统水稻生产模式,应用的水稻品种多样且不稳定,栽培条件与栽培技术也不规范,农户与农户之间生产的稻谷多种多样,参差不齐,品质很难保证,市场竞争力差,不符合国内外市场的需要。因此,要提高稻米的市场竞争力,必须走稻米产业化经营的发展道路。而实现稻米产业化的前提是规模化生产。

适度规模化种植,一是可以确保稻谷质量,提高稻米的商品质量;二是可以降低生产成本,提高稻米的市场竞争力;三是便于先进技术的应用,实现标准化生产。

另外,随着人们生活水平的提高,除了吃饱以外,人们越来越关注营养品质和安全卫生,国家也相应出台了一系列与优质稻米生产和加工有关的质量标准。要达到优质稻米质量标准的要求，必须实行标准化栽培，严格控制生产过程中的每一个环节，才能生产出符合质量标准的水稻。因此，优质水稻生产提倡规模化种植和标准化栽培。

第六节 杂交稻品种的选育与保纯

一、两系法杂交稻

两系法杂种优势利用只需两个育种材料，即光温敏核不育系和恢复系，不用保持系。光温敏核不育系在低温或短日照条件下可以自交结实，繁殖种子；在高温或长日照条件下则表现为不育，可以用来与恢复系制种，生产杂交种子。由于光温敏核不育系能一系两用，与三系法相比两系法就少了一个繁殖环节。更为有利的是，光温敏核不育系由简单核基因控制，从理论上讲，任何优良的育种材料都可以培育成光温敏核不育系；而且水稻种质资源中，98％以上的育种材料都可用作两系法中的恢复系，这就大大提高了选配杂交稻组合的自由度，从而也就大大增加了选育优良杂交稻组合的概率。

二、三系法杂交稻

三系法杂交稻需3个育种材料，即雄性不育系(A)、雄性不育保持系(B)和雄性不育恢复系(C)。生产上应用的杂交稻，是由雄性不育系与雄性不育恢复系杂交产生的子代，这种子代就像马和驴杂交所产生的骡子一样，具有很强的杂种优势。但是雄性不育系本身不能产生种子，要使其得以繁衍，必须借助雄性不育保持系。雄性不育系与雄性不育保持系杂交，其子代仍然是不育的，可以继续用于生产杂交种子。目前生产上应用的杂交稻，基本上都是三系法杂交稻。

三、杂交稻制种技术

用恢复系作父本和不育系杂交，生产杂交种子的过程，叫做杂交水稻制种。杂交水稻制种的主要技术环节包括如下几个：

(1)选好本田。制种田要根据隔离条件的要求，选择水利条件好、排灌方便、阳光充足、病虫害少、土壤肥沃、交通便利的大面积成片田，避免用望天田、新开田和病害重的田作制种田，特别注意要确定没有水稻的植物检疫对象，如细条病、白叶枯病和细菌性条斑病等。

(2)搞好隔离。水稻花粉粒小而轻，能随风飞扬，花粉传播的距离很远，在风力较大的情况下，可传播几十米，甚至上百米。据对花粉隔离的试验结果：距离10米的，花粉混杂率为5.2%；距离20米的，花粉混杂率在2.3%；距离30米的，花粉混杂率降到1%；距离40米以上的，才能杜绝异种花粉自然杂交。所以，制种田周围50米以内，除父本外，不应有其他水稻品种，才能使不育系在开花期间只接受单一父本的花粉，保证种子的纯度。

(3)选择父母本最佳的抽穗扬花期，使花期相遇。这是关系到制种产量高低和成败的关键。首先，要根据父母本的生长发育规律及其对外界环境条件的要求安排好它们的抽穗扬花授粉期。其次，要根据父母本各自从播种到始穗所需要的天数、叶龄、有效积温倒推，算出父母本的播差期和播种期。再次，要根据父母本各自的适宜秧龄期确定出适宜的插秧期。

(4)搞好父母本花期预测与调节。父母本的生育期除受父母本遗传特性所决定外，还受到气候变化、土壤性质、秧苗素质、秧龄长短、插秧深浅、肥水管理等因素的影响，往往使父母本的抽穗期比原计划提早或推迟，造成花期不遇或不能全遇。因此，必须在原先安排的播差期的基础上，认真搞好花期预测，及早发现问题，争取主动，及早采取调节措施，以达到花期全遇的目的。

（5）辅助授粉。制种面积大时，为掌握开花时机，不延误授粉时间，可用拉绳索赶粉的办法辅助授粉，增加结实籽粒。具体操作为：用一根直径0.4厘米的尼龙绳，在绳子中间悬吊一个光滑的矿泉水瓶子，在瓶子里装入沙或水，田大的少装一些，田小的多装一些，以每秒1～2米的速度沿逆风紧拉绳索匀速赶粉。如果上午阴雨，下午突然转晴时要抢晴快赶重赶；多云阴天慢赶轻赶；高温暴雨有花开时也要赶粉。

四、水稻雄性不育系

雄性不育系是一种雄性器官退化的水稻品系，没有花粉或花粉发育不正常，因而没有受精能力。但它的雌性器官正常，只要授以正常的花粉就可以结实。在三系法利用水稻杂种优势技术体系中，不育系大部分是核质互作型雄性不育系。雄性不育保持系是一个提供正常可育花粉的正常品种（系），其功能是使不育系的不育特性繁衍下去。用它的花粉授给不育系，所产生的后代仍然保持不育特性。雄性不育恢复系也是一个提供可育花粉的正常品种（系），与保持系的不同之处在于，恢复系花粉授给不育系之后，可使其杂种F_1代育性恢复正常，能自交。

五、杂交稻栽培技术

杂交稻与一般常规品种比较具有插秧后缓苗快、根系发达、分蘖旺盛、抗逆性强、穗大粒多、耐瘠薄等优点。种植杂交稻应根据其特点采取相应的种植方法。

（1）要稀播种育壮秧。杂交稻分蘖多、个体优势强、种子成本高。因此，一定要实行稀植栽培。一般行距33厘米，株距13.3厘米，每亩穴数1.36万，用种量仅1.5千克，收穗数一般为22万～24万株。

（2）要减少氮肥的用量。每亩施标准氮肥要比紧穗型耐肥品种减少20%左右，应注重基肥和粒肥，同时要稳磷、保钾、增硅。

（3）要实施节水栽培。亩用水量可较常规稻节省200立方米左右。在科学管水上，除缓苗期外，整个生育期间土壤保持干干湿湿，无需建立水层，实施无水层灌溉。科学种植杂交稻不但可大大降低生产成本，同时由于中后期田间小气候的改善，也可减轻病虫为害，避免过多施用农药，减少土壤环境污染，取得较好的经济效益及生态效益。

第七节　育苗前的种子处理

一、种子的选用

如果种子储藏年久，尤其在湿度大、气温高的条件下储藏，具有生命力的胚芽部容易衰老变性，种子细胞原生质胶体失常，发芽时细胞分裂发生障碍导致畸形，同时稻种内影响发根的谷氨酸脱羧酶失去活性，容易丧失发芽力。在常温下，储种时间越长、条件越差、发芽能力降低越快。因此，最好使用头年收获的种子。常温下水稻种子寿命只有两年。含水率13%以下，储藏温度在0℃以下，可以延长种子寿命，但种子的成本会大大提高。因此，常规稻一般不用隔年种子。只有生产技术复杂、种子成本高的杂交稻种，才用陈种。

二、种子量

每公顷需要的种子量，移栽密度 30 厘米×13.3 厘米时需 40 千克左右；移栽密度 30 厘米×20 厘米时需 30 千克左右；移栽密度 30 厘米×26.7 厘米时需 20 千克左右。

三、发芽试验

水稻种子处理前必须做发芽试验，以防因稻种发芽率低，而影响出苗率。

四、晒种

浸种前在阳光下晒 2～3 天，保证催芽时，出芽齐，出芽快。

五、选种

选种指的是浸种前，在水中选除瘪粒的工作。一般水稻种子利用米粒中的营养可以生长到 2.5～3 叶，因此 2.5～3 叶期叫离乳期。如果用清水选种，就能选出空秕子，而没有成熟好的半成粒就选不出来。用这样的种子育苗时，没有成熟好的种子因营养不足，稻苗长不到 2.5 叶就处于离乳期，使其生长缓慢，到插秧时没有成熟好的种子长出的苗比完全成熟的稻苗少 0.5～1.0 个叶，在苗床上往往不能发生分蘖，而且出穗也晚 3～5 天。如果用这样的秧苗插秧，比完全成熟的种子长出的稻苗减产 6.0% 左右。所以选种时，水的相对比重应达到 1.13（25 千克水中，溶化 6 千克盐时，相对密度在 1.13 左右）。在这样的盐水中选种就可以把成熟差的稻粒全部选出来，为出齐苗，育好苗打下基础。但特别需要注意的是盐水选种后一定要用清水洗 2 次，不然种子因为盐害不能出芽。

六、浸种

浸种时稻种重量和水的重量一般按 1∶1.2 的比例做准备，浸种后的水应高出稻种 10 厘米以上。浸种时间对稻种的出芽有很大的影响，浸种时间短容易发生出芽不整齐现象，浸种时间过长又容易坏种。浸种的时间长短，应根据浸种时水的温度确定，把每天浸种的水温加起来达到 100℃（如浸种的水温为 15℃时，应浸 7 天）时，完成浸种，可以催芽。有些年份浸完种后，因气温低或育苗地湿度大不得不延长播种期。遇到这样的情况，稻种不应继续浸下去，把浸好的种子催芽后，在 0～10℃的温度下，摊开 10 厘米厚保管，既不能使其受冻，也不让其长芽。到播种时，如果稻种过干，就用清水泡半天再播种。

七、消毒

催芽前的种子进行消毒是防止水稻苗期病害的最主要方法。按照消毒药的种类不同可分为浸种消毒、拌种消毒和包衣消毒，因此应根据消毒药的要求进行消毒。现在农村普遍使用的消毒药以浸种消毒为多，这种药的特点是种子和药放到一起一浸到底，很省事。但在浸种过程中，应每天把种子上下翻动一次，否则消毒水的上下药量不均，上半部的稻种因药量少，造成消毒效果差。

模块四　肥料运筹与科学施肥

第一节　肥料的作用和分类

一、肥料的分类

肥料是指用于提供、保持或者改善植物营养和土壤物理、化学性能以及生物活性，能提高农产品产量，改善农产品品质，增强植物抗逆性的有机、无机、微生物及其混合物料。所提供的方式就是人工施肥，所使用的肥料通常叫做有机肥和化肥。

化肥可进行以下分类：

（1）按营养成分可分为氮肥、磷肥、钾肥、中微量元素肥、微量元素肥、有机肥（农家肥）、微生物肥料以及氨基酸肥等。

（2）按化学性质分为酸性肥、碱性肥、中性肥。

二、农家肥

农家肥是有机肥的一种，它是农民通过自家积攒的、经过腐熟的肥。农家肥不经过市场交易，完全是一种自产自用的肥料。农田中所使用的农家肥完全为基肥或叫底肥。

农家肥含有作物所需的多种营养元素和丰富的有机质，是一种完全肥料，它来源广、后劲长、保肥保水能力强，并且具有改土培肥的作用，对土壤和作物没有不良影响。缺点是养分含量低、肥效缓慢、用量大。有机肥是提高土壤肥力的主要途径，表现在增加土壤有机质和平衡土壤养分。土壤有机质为植物提供营养和能量，具有增加土壤缓冲性和保水保肥能力、改善土壤团粒结构、调节土壤物理性能的作用。

农家肥在施用时必须进行腐熟，因为未腐熟的农家肥含有多种杂草种子、病菌、虫卵等对水稻有害有毒物质。在腐熟过程中，利用自身所产生的高温，杀死含有的草籽、病菌、虫卵等，并且缩小了农家肥体积，减轻了重量，提高了农家肥质量、节约运力。施用时一定要均匀，否则局部施用过多会造成植物徒长，将引发多种病害；过少不能够发挥出有机肥的长效作用。

第二节 肥料中的氮、磷、钾

肥料中的氮、磷、钾被称为营养三要素。这三种营养在水稻体内的作用不尽相同。氮肥主要起促进水稻生长的作用，如长高、分蘖、长叶、增加叶片中叶绿素等，因此没有氮素就根本没有产量。水稻缺氮时，生长缓慢，植株矮小，叶片发黄。缺氮症状先从下部老叶开始发黄，逐渐扩展到上部幼叶，一片叶先从叶尖开始，后沿中脉扩展至整个叶片。成熟期提早，成穗率低，有效穗少，穗子短，每穗粒数少，产量低。氮肥施用过量时，水稻叶片深绿，肥厚宽大，植株高大、柔软，茎、叶疯长。分蘖大量发生，叶片下披，通风透光不良，易诱发病虫害，甚至发生倒伏。造成水稻贪青晚熟，空秕粒大量增多，导致产量下降。

所以氮、磷、钾肥是水稻生长中缺一不可的营养元素，一定要按土壤中对三要素的亏缺程度和产量目标，适当配合施用。水稻吸收氮肥量最多的时期是分蘖开始到穗分化期（坐胎），占吸收总量的65%～70%，从返青期到分蘖期，穗分化期各占15%～20%，抽穗期到成熟期占5%～10%。可见，水稻吸收氮肥的盛期在穗分化前的分蘖期，而且营养最大吸收期在分蘖末期到穗分化期，也就是6月20日至7月10日期间。吸收磷肥高峰期在水稻分蘖到成熟期。吸收钾肥的高峰在分蘖期到抽穗期，而穗分化到抽穗期更是吸钾肥的高峰期，从抽穗到成熟，对钾肥的吸收基本停止。

每公顷总施肥量为尿素440～460千克、二铵200千克、钾肥150千克，缺锌地还应加施硫酸锌30千克。其中，①底肥：尿素100～120千克，二铵200千克和钾肥75千克，结合耙地施入土中。②分蘖肥：5月末6月初施分蘖肥，每公顷尿素100千克。③补肥：6月中旬每公顷施补肥尿素50千克。④穗肥：7月下旬每公顷施穗肥为尿素120～150千克加75千克钾肥。⑤粒肥：出穗后根据水稻长势施粒肥，如叶落黄时每公顷施尿素45千克左右。

一、氮肥

氮肥按形态可分为三类：铵态氮肥（硫酸铵、碳酸氢铵等）、硝态氮肥（硝酸铵、硝酸钙等）、酰胺态氮肥（尿素等）。

氮素是水稻所需的固体元素中的首要元素。水稻生产中所使用的氮素肥料主要是尿素、硫酸铵和磷酸二铵及复混肥料等。尿素含氮量为44%～46%，是固体氮肥中含氮量最高的有机态氮素肥料，理化性质比较稳定，其纯晶为白色或略带黄色的结晶体或小颗粒，内加防湿剂，吸湿性较小，易溶于水，为中性氮肥，尿素中含有一定数量的缩二脲，尿素使用方法以追肥为主。尿素又有缓释尿素、大颗粒尿素、多肽尿素等种类。硫酸铵含氮量为20%～21%，纯品为白色结晶，肥效迅速。吸湿性小，在空气湿度大时，也易结块。一般作追肥，肥效快，易于吸收。

1. 缓释、控释尿素

缓释、控释尿素是指所含养分形式在施肥后能延缓作物吸收和利用的肥料和所含的养分，比速效尿素有更长的肥效。通常把能被微生物分解的微溶性的含氮化合物（如脲醛化合物等）称为缓释尿素；将包膜或用胶囊包的肥料称为控制释放肥料；尿基缓释，可根据其生产方法和缓释机理分为化学法和物理法制备的缓释尿素。物理法制的缓释尿素又可分为：限制溶解类缓释尿素，包括大颗粒尿素和表面包膜尿素；抑制分解类缓释尿素，包括加尿酶活性抑制剂的缓释尿素、添加硝化抑制剂的缓释尿素以及添加尿酶活性抑制剂和硝化抑制剂的缓释尿素。

2. 多肽尿素

多肽尿素是在尿素形成过程中，在尿液中加入聚天门冬氨酸PASP，经蒸发器浓缩造粒而成，以仿生多肽为核心的肥料增效产品。多肽尿素是在尿素形成过程中，在尿液中加入金属蛋白酶，经蒸发器浓缩造粒而成。酶是生物发育成长不可缺少的催化剂，因为生物体进行新陈代谢的所有化学反应，几乎都是在生物催化剂酶的作用下完成的。多肽是涉及生物体内各种细胞功能的生物活性物质。肽键是氨基酸在蛋白质分子中的主要连接方式，肽键金属离子化合而成的金属蛋白酶具有很强的生物活性，酶的催化、调节等功能，可激化化肥，促进化肥分子活跃。金属蛋白酶可以被植物直接吸收，因此可节省植物在转化微量元素中所需要的"体能"，大大促进植物生长发育。

3. 包膜尿素

包膜尿素是缓释尿素的一种，又称包衣尿素、包膜尿素。用半透性或不透性包膜物质包裹尿素颗粒而成。成膜物质有塑料、树脂、石蜡、聚乙烯和元素硫等。包膜的目的是使尿素在施入土壤后，里面的速效养分缓慢地释放出来，以延长肥效。释放速率取决于包膜种类、厚度、粒径、肥料溶解性、土壤温度、土壤含水量以及土壤微生物活性等。适用于经济价值高、生育期长、需肥量大但又不便分次施肥的作物，以及养分易于淋溶损失的高温、多雨地区或灌溉地区，尤其是在质地轻的沙性土壤上。

4. 大颗粒尿素

在肥料市场上，人们通常把尿素颗粒直径大于 2 毫米的尿素称为大颗粒尿素。大颗粒尿素有以下几个优点：

(1)粉尘含量低，抗压强度高，流动性好，可散装运输，不易破碎和结块，适合于机械化施肥。

(2)施入土壤后溶解速度慢于普通尿素，有缓释作用。

(3)由于加工工艺不同，一般大颗粒尿素中缩二脲含量降低，对作物安全有利。

由于尿素养分含量较高，适于各种土壤和多种作物，作追肥效果最好。尿素施入土壤中，需要转化为碳酸氢铵后才能被作物大量吸收利用。由于存在转化过程，肥效较慢，一般要提前 4～6 天施用。同时还要深施覆土，施后不要立即灌水，以防尿素淋溶至深层，降低肥效。施用尿素时一定要注意以下几点：

(1)尿素不宜作种肥。因尿素中含有缩二脲，缩二脲对种子的发芽和生长均有害。不能用尿素浸种或拌种。

(2)当缩二脲含量高于 1% 时，除不能用于种肥外，也不能用做根外追肥。

(3)尿素转化为碳酸氢铵后，在石灰性土壤上易分解挥发，造成氮素损失，因此，要深施覆土，覆土厚度为 8～10 毫米。

二、磷肥

磷肥按溶解性可分为三种类型：水溶性磷肥（过磷酸钙、重钙等）、弱酸溶性磷肥（钙镁磷肥、钢渣磷肥等）、难溶性磷肥（磷矿粉等）。在水稻生产中，有条件时磷肥应以复合肥磷酸二铵为主，省工且肥效高。

磷肥具有较好的后效作用，同时施入土壤后也极易被土壤固定，由水溶性磷转化为迟效磷，使当年利用率降低，在一定的条件下被土壤固定的磷素是能够在次年或者后几年利用，总之，尽管土壤存在磷的固定，但不等于说就不必施用磷肥了，为了提高磷肥的有效性，关键是采用科学的施肥技术，如集中施用以减少磷肥与土壤的接触，把磷肥施于根系密集的土层中，尽量增加根系对磷的吸收，或采取叶面喷施方法避免土壤对磷的化学固定，以提高磷肥的当季利用率。

磷酸二铵纯品为白色结晶体，吸湿性小，稍结块，易溶于水。制成颗粒状产品后，不吸湿、不结块，含氮（N）18%，含磷（P_2O_5）46%，化学性质呈碱性，是以磷为主的高浓度速效氮、磷复合肥。磷酸二铵一般每公顷用量150～200千克。对于高产水稻品种，还可适当提高用量。施用方法通常是结合耙地，将磷酸二铵全层施入用作底肥，施肥深度为10～15厘米。

三、钾肥

水稻生产中，比较常用的钾肥是硫酸钾和氯化钾。钾肥具有壮秆、防倒伏、抗病、抗虫等提高抗逆性的作用，钾肥通常用作底肥。

1. 硫酸钾

硫酸钾是白色晶体，K_2O含量为50%。该肥料易溶于水，溶解度随温度的上升而增大，吸湿性较低，不易结块，适合于配制混合肥料，物理性状优于氯化钾。硫酸钾为化学中性、物理酸性肥料，适用于各类土壤。施用方法主要是底肥，集中施到根系较密集的土层，有利于根系吸收，提高利用率。在水稻生长中后期发现缺钾时可进行叶面喷施。底肥每公顷用量50～100千克，叶面喷肥需要配制成2‰～3‰的水溶液，每公顷用量450～600千克。

施用硫酸钾不如氯化钾，因为容易产生硫化氢的毒害。虽然对缺硫较多的地块效果比较好，但施用硫酸钾应防止硫化氢毒害。

2. 氯化钾

氯化钾纯品为白色或淡黄色结晶体，有效成分钾含量在60%左右。有较强的吸湿性，易结块，易溶于水，在水中溶解度随温度的升高而不断增大。氯化钾呈现为化学中性、生理酸性的速效钾肥，适于中性、石灰性土壤。结合泡田耙地全层施入，每公顷用量为50～100千克。

第三节　其他常用肥料

一、复混肥料

复混肥是指肥料中氮、磷、钾三种养分至少有两种养分标明含量。按其含有的营养元素成分不同，可分为二元复混肥料和三元复混肥料。造粒肥料、掺混肥料和复合肥料统称复混肥料。复合肥料是用化学方法制取，在生产过程中发生明显化学反应的肥料。造粒复混肥料是由两种或两种以上单质肥料或复合肥料作为原料经机械混合而制成的肥料。掺混肥料是把两种或两种以上的单质肥料或复合肥料用机械的方法，按一定成分比例混合而成的肥料。复混肥料中营养元素成分和含量，习惯上按氮（N）—磷（P_2O_5）—钾（K_2O）的顺序，分别用阿拉伯数字表示，"0"表示不含有该种元素。例如，18－46－0 表示为含 N18%，$P_2O_5$46%，不含有 K_2O。总养分 64% 的氮磷二元复混肥料。15－15－15 表示为含 N、P_2O_5、K_2O 各为 15% 的三元复混肥料。复混肥料有含硫和含氯之分，一定要注意，还原性强的地块最好使用含氯复混肥，否则容易产生硫化氢毒害。

复混肥料中所含养分种类多，一般在两种或两种以上，并且有效成分含量高，物理性状好，施用方便。复合肥料的颗粒比较坚实、无尘，粒度大小均匀，吸湿性小，便于储存和施用。施用复混肥料可以同时满足作物对氮、磷、钾营养元素的需要，相当于把几种单质肥料一次性施入到土壤中，同时施用复混肥料比施用单质肥料有较好的增产性，具有针对性和灵活性。复混肥料可以针对某种土壤，根据特定地块、水稻品种调整肥料养分配方和比例，按所需养分混配配方肥，既满足水稻生长对养分的需求，又不浪费养分，需要多少即施入多少，受到广大农民的欢迎。

购买复混肥时应根据当地的气候条件、土壤性质、土壤供肥水平和土壤供肥特点及作物对养分的需求特性，有针对性地选用适宜的品种。只有品种选择适宜，才能充分发挥复混肥料的优越性，使作物增产、增收，否则只会增加生产成本而收入提升不高。

二、微量元素肥料

水稻一生中所需要的营养元素有很多种，除了碳、氢、氧气体元素和氮、磷、钾三要素以外，还需要钙、镁、硫、铁、铜、锌和硅等中微量元素。含有以钙、镁、硫、铁、铜、锌和硅等元素为主的肥料，叫做微量元素肥料。微量元素肥料用量少、作用大、见效快，施用方法以底肥和叶面追肥为主。一定要在准确确定土壤是缺乏该种微量元素时再进行施用,而且微量元素的有效性受许多条件的影响,尤其是酸碱性(pH)最为明显。土壤碱性会降低铁、硼、锰、铜、锌的有效性,提高钼的有效性。在酸性土壤上,土壤的酸性会增加铁、锰、铜、锌的有效性,而钼的有效性却比较低。所以,施用微肥时应有针对性。微量元素应与大量元素肥料配合施用。在生产中作物对大量元素需要量大,土壤中又容易缺少,需要补充,而微量元素只有在满足作物对大量元素需求的基础上,才会有良好的肥效。因此,微肥应与氮、磷、钾肥料配合施用。

三、微生物肥料

微生物肥料是指含有有益微生物的人造的用于增加土壤中作物能够吸收利用的、用于增加农作物收获物的物料。微生物肥料能够改善农作物的营养,可使植物获得肥料的效应,提高土壤肥力,是近些年开发利用的新型肥料,包括细菌肥料和抗生菌肥料。它的性质与其他肥料不同,本身不含有营养元素,主要以微生物的生命活动产物来改善植物的营养条件,刺激植物的生长,或抑制有害病菌在土壤中的活动,以充分发挥土壤潜在肥力的作用,从而获得农作物的增产效果。微生物肥料是一种辅助肥料,它不能代替其他有机或无机等肥料。

1. 微生物肥料的种类

根据微生物肥料对改善植物营养元素不同,可分为以下几种:

(1)根瘤菌肥料,能在豆科植物根上形成根瘤,可同化空气中的氮气,改善豆科植物氮素营养,有花生、大豆、绿豆等根瘤菌剂。

(2)固氮菌肥料,能在土壤中和许多作物根际固定空气中的氮气,为作物提供氮素营养;又能分泌激素刺激作物生长,

模块四 肥料运筹与科学施肥

有自生固氮菌和联合固氮菌等。

(3)磷细菌肥料,能把土壤中难溶性磷转化为作物可以利用的有效磷,改善作物磷素营养。种类有磷细菌、解磷真菌等。

(4)硅酸盐细菌肥料,能对土壤中云母、长石等含钾的铝硅酸盐及磷灰石进行分解,释放出钾、磷与其他元素,改善植物的营养条件。种类有硅酸盐细菌、解钾微生物等。

(5)复合菌肥料,含有上述两种以上有益的微生物,它们之间互不拮抗并能提高作物一种或两种营养元素的供应水平,并含有生理活性物质。

2. 微生物肥料的作用

(1)增进土壤肥力。施用固氮微生物菌肥,可以增加土壤中的氮素来源;解磷、解钾微生物肥料,可以将土壤中难以利用的磷、钾分解出来,转变为作物能吸收利用的磷、钾化合物,改善作物的营养条件。

(2)制造和协助农作物吸收营养。根瘤菌侵染豆科植物根部,固定空气中的氮素。微生物在繁殖中能产生大量的植物生长激素,刺激和调节作物生长,使植株生长健壮,促进营养元素的吸收。

(3)增强植物抗病和抗旱能力。微生物肥料由于在作物根部大量繁殖,抑制或减少了病原微生物的繁殖机会,减轻对作物的危害;微生物大量生长,菌丝能增加对水分的吸收,使作物抗旱能力提高。

施用微生物肥料的最佳温度是 $25\sim37℃$,低于 $5℃$,高于 $45℃$,施用效果都较差。不应将菌肥与杀菌剂、杀虫剂、除草剂和含硫的化肥(如硫酸钾等)以及草木灰混合使用,因为这些药、肥很容易杀死生物菌。施用生物菌肥时不能大量减少施肥量或不施有机肥,微生物菌肥所能提供的养分量及促进土壤中的有效养分释放的功效都是有限的，仅仅依赖微生物菌肥料很难满足农作物生长的需要。

四、叶面肥

叶面肥是指在水稻生长期间进行的一种追肥。该种施肥是直接把所需要的营养元素采用液体的方式，直接施于水稻叶片表面的方式，是植物生长中对某种缺少营养元素的补充。①具有较强的针对性。叶面肥可根据土壤养分丰缺状况、土壤供肥水平以及作物营养元素的需求来确定养分的种类和配方，及时补充作物缺少的养分，减轻或消除作物的缺素症状。②具有良好的吸收性。叶面肥由于直接喷施在作物叶片表面，营养物质可通过叶片直接进入体内，参与作物的新陈代谢和有机物质的合成，其速度和效果都比土壤施肥的作用快。③施用效果好。叶面施肥后，叶片吸收了大量的养分，促进了作物体内各种生理反应，光合作用强度显著提高，有效促进有机物的积累，增加产量、改善品质。④用量少。叶面肥由于喷施在叶面上，不直接与土壤接触，避免了在土壤中的固定、失效或淋溶损失。一般用量仅为土壤施肥的 1/10～1/5，养分吸收后，直接被输送到作物生长最旺盛的部位，养分利用率高。

五、硅肥

水稻是吸硅量最多的作物之一，茎叶中的含硅量可达 10％～20％。每生产 100 千克稻谷稻株要吸收硅酸 17～18 千克。根部所吸收的硅随蒸腾上移，水分从叶面蒸发，而大部分硅酸却积累于表皮细胞的角质内，形成角质硅酸层，因硅酸不易透水，所以可降低蒸腾强度。硅酸的存在还能增强根部氧化力，能使可溶性的二价铁或锰在根表面氧化沉积，不至于因过量吸收而中毒。同时，促进根系生长，改善根的呼吸作用，促进对其他养分的吸收。缺硅水稻体内的可溶性氮和糖类增加，容易诱致菌类寄生而减弱抗病能力。还有的研究认为，茎叶中的硅酸化合物能对病原菌呈现某种毒性而减少为害。水稻生殖生长期如不能满足硅酸的供应，则易降低每穗粒数和结实率，严重时变成白穗。

第四节 优质水稻科学施肥技术

一、水稻的需肥规律

水稻正常生长发育需要吸收多种必需的营养元素。在这些营养元素中，水稻对其需求量较大而且通常必须通过施肥来补充的主要是氮、磷、钾三要素。氮素是植株体内蛋白质的成分，也是叶绿素的主要成分，充足的氮素有利于水稻的生长发育。磷的主要作用是促进根系发育和养分吸收，增强分蘖势，增加淀粉合成，有利于籽粒充实。钾素的主要作用是促进淀粉、纤维素的合成和植株体内运输，较充足的钾素有利于提高根系活力、延缓叶片衰老，同时能增强水稻抗逆能力。除上述三要素外，水稻对硅的要求强烈，吸硅量约为氮、磷、钾吸收量总和的两倍，硅进入稻株体内有利于控制蒸腾，还可以促进表层细胞硅质化，增强作物茎秆的机械强度，提高抗倒伏、抗病能力。除此以外，中量元素钙、镁、硫等，均具有增强稻株抗逆性，改善植株抗病能力，促进水稻生长的作用。微量元素如锌、硼等，能改善水稻根部氧的供应，增强稻株的抗逆性，提高植株的抗病能力，促进后期根系发育，延长叶片功能期，防止早衰，有利于提高水稻成穗率，促进穗大、粒多、粒重，从而增加产量。水稻生长发育所需的各类营养元素，主要依赖其根系从土壤中吸收。各种元素有着特殊的功能，不能相互替代，但它们在水稻体内的作用并非孤立，而且通过有机物的形成与转化得到相互联系。

一般来说，每生产100千克稻谷，需从土壤中吸收氮(N)1.6～2.5千克、磷(P_2O_5)0.6～1.3千克、钾(K_2O)1.4～3.8千克，氮、磷、钾的比例为1:0.5:1.3。随着栽培地区、品种类型、土壤肥力、施肥和产量水平等不同，水稻对氮、磷、钾的吸收量会发生一些变化。例如，江苏省(2000～2002年)粳稻在每亩500千克、600千克和700～750千克产量水平下，100千克产量需氮量分别为1.85(1.8～1.9)千克、2.00(1.9～2.1)千克和2.1(2.0～2.2)千克。通常杂交稻对钾的需求高于常规稻10%左右，粳稻较籼稻需氮量多而需钾量少。

水稻不同的生育阶段对营养元素的吸收是不一致的。一般规律是：①返青分蘖期。由于苗小，稻株光合面积小，干物质积累较少，因而吸收养分数量也较少。这一时期段氮的吸收率约占全生育期吸氮量的30%左右，磷的吸收率为16%～18%，钾的吸收率为20%左右。②拔节孕穗期。水稻幼穗分化至抽穗期，叶面积逐渐增大，干物质积累相应增多，是水稻一生中吸收养分数量最多和强度最大时期。此期吸收氮、磷、钾养分的百分率几乎占水稻全生育期养分吸收总量的一半左右。③灌浆结实期。水稻抽穗以后直至成熟，由于根系吸收能力减弱，吸收养分的数量显著减少，氮的吸收率为16%～19%，磷的吸收率为24%～36%，钾的吸收率为16%～27%。早稻在分蘖期的吸收率要比晚稻高，所以早稻生产上要强调重施基肥、早施分蘖期肥。一般晚稻在后期养分吸收率高于早稻，生产中常采取合理施用穗肥和酌情施用粒肥，满足晚稻后期对养分的需要。

单季稻的生育期较长，对氮、磷、钾三要素的吸收量一般在分蘖盛期和幼穗分化后期形成两个吸肥高峰。施肥时，必须根据水稻营养规律和吸肥特性，充分满足水稻吸肥高峰对各种营养元素的需要。

二、水稻的施肥原则

（一）增施有机肥

当前的水稻生产中，对合理施用化肥、增施有机肥料、有地养地、培肥土壤及防止地力衰退的认识不足，普遍存在着重化肥轻有机肥、重眼前短期利益忽视可持续效益的现象，使土壤结构和循环系统遭到不同程度的破坏，有机质含量逐年降低，氮、磷、钾等养分丰缺失衡，耕地质量下降，严重威胁到稻田可持续发展。增施有机肥和在保证水稻正常生长的前提下，尽可能地减少化学肥料的施用是优质水稻生产的一个施肥原则。稻田增施有机肥对于稻田的综合肥力，优化稻田环境，提高产量和改善稻米品质都有十分重要的作用。增施有机肥的功能具体表现在：①全面持久地提供土壤养分。有机肥是完全肥料，不仅能供给水稻氮、磷、钾等各种营养元素，而且能供给钙、镁、铁、锌等多种微量元素，同时养分供应持久。②提高土壤保肥保水能力。因为有机肥中含有大量有机质，在土壤中经过微生物分解，产生有机胶体，有机胶体表面带有大量负电荷，能吸附土壤中带有正电荷的铵、钾、钙、镁、锌等各种养分离子，使其难以淋溶流失，土壤有机胶体也能吸附大量水分，从而增强了土壤的保肥、保水能力。③改善土壤通透性。有机肥可以促进土壤团粒结构的形成，对通透性不良的黏性土壤，可使黏土孔隙增多增大，黏性降低，改善其通气性和透水性；对通透性过强的沙性土壤可以增强沙粒之间的黏结力，减少土壤孔隙，控制过量渗透，防止漏水、漏肥。此外，增施有机肥，还能增强土壤的缓冲性能，增强土壤的解毒能力等。

常用于水稻生产的有机肥来源主要有堆肥和沤肥、厩肥、绿肥、作物秸秆、饼肥和商品肥料。堆肥是以各类秸秆、落叶等主要原料并与人畜粪便和少量泥土混合堆制,经好气性微生物分解而成的一类有机肥料。沤肥是在淹水条件下经微生物厌氧发酵而成的一类有机肥料,所用物料与堆肥基本相同。厩肥是以猪、羊、鸡、鸭等畜禽的粪尿为主,与秸秆等垫料堆积并经微生物作用而成的一类有机肥料。绿肥是以新鲜植物体就地翻压、异地施用或轻沤、堆积后而成的肥料。作物秸秆是以麦秸、稻秸等直接还田。饼肥是以各种油分较多的种子经压榨去油后的残渣制成的肥料。商品肥料包括商品有机肥、腐殖酸类肥和有机复合肥等。

要使稻田土壤有机质得到补充,实现水稻的优质高产,一般每亩稻田每年至少要施用 2000 千克的有机肥料,要通过多种途径,增加有机肥的施用量,改变目前多数地方依赖化学肥料的习惯。

(二)平衡配方施肥

平衡配方施肥是以土壤测试和肥料田间试验为基础,根据水稻需肥规律、土壤供肥性能与肥料利用效率,在合理施用有机肥料的基础上,提出氮、磷、钾三要素及中、微量元素等肥料的适宜用量、施用时期以及相应的施肥方法。它的核心是调节和解决水稻需肥与土壤供肥之间的矛盾,同时有针对性的补充水稻所需的营养元素,做到缺什么就补什么,需要多少就补多少,实现各种养分平衡供应,满足作物的需要。平衡配方施肥是水稻栽培由传统的经验施肥走向科学定量化施肥的一个重要转变,能有效地提高肥料利用率和减少用量,提高作物产量,改善农产品品质,节省劳力,节支增收。

优质水稻生产中的平衡配方施肥,要求以土定产、以产定肥、因缺补缺,做到有机无机相结合,氮、磷、钾、微肥各种营养元素配合，不同生育时期的养分能协调和平衡供应。养分供应以在满足水稻优质高产需求的同时，最大限度地减少浪费和环境污染为原则。

平衡配方施肥的基本方法：一是测土；二是配方。测土是平衡施肥的基础，是通过在田间采取具有代表性的土壤样品，利用化学分析手段，对土壤中主要养分含量进行分析测定，及时掌握土壤肥力动态变化情况和土壤有效养分状况，从而较准确地掌握土壤的供肥能力，为平衡施肥提供科学依据。配方是平衡施肥的关键，在测土的基础上，根据土壤类型和供肥性能与肥料效应，同时考虑气候特点、栽培习惯、生产水平等条件，确定目标产量，制订合理的平衡施肥方案，提出氮、磷、钾等各种肥料的最佳施用量、施用时期和施用方法等，实行有机肥与化肥、氮肥与磷钾肥、大量元素与中量及微量元素肥料平衡施用。

三、水稻施肥量的确定

水稻施氮量一般都只能依据大面积生产经验结合有关田间试验结果来确定，但随着生产的发展，用精准方法确定施肥量成为必然趋势。水稻施肥量的确定需要考虑以下几个方面的因素：一是水稻要达到一定的产量水平所必须从土壤中吸收的某种养分的数量；二是土壤供应养分的能力；三是肥料中某种养分的有效含量；四是肥料施入土壤后的利用率。目前，水稻施肥量的确定方法大致有地力分区（级）配方法、田间试验法和目标产量配方法三类。

在优质水稻高产栽培中，目标产量配方法是被普遍采用的一种方法，这一方法是以实现水稻与土壤之间养分供求平衡为原则，根据水稻需肥量与土壤供肥量之差，求得实现计划产量所需肥料量，又称为养分平衡法。目标产量配方法的计算公式是：某种养分的施肥量＝(水稻目标产量需肥量－土壤供肥量)/(肥料养分含量×肥料利用率)。

目标产量配方法涉及目标产量、作物需肥量、土壤供肥量、肥料利用率和肥料中有效养分含量五大参数。但在生产实际中，求取目标产量需肥量、土壤供肥量和肥料利用率三个参数是十分复杂而困难的。土壤供肥量与前作的种类、耗肥量和施肥量以及土壤种类、耕作管理技术等多方面因素有关，它可由不施该养分时水稻吸收的养分量来推算。肥料利用率与肥料种类、施肥方法和土壤环境等有关。我国水稻当季化肥的利用率大致范围是：氮肥为35%～40%，磷肥为15%～20%，钾肥为40%～50%。以江苏省的麦稻或油稻轮作田为例，水稻施用量的推荐方案如下。

（一）氮肥施用量

水稻亩产600千克左右，亩施化学氮肥量（N）要控制在15～18千克以内；亩产650千克以上的亩施氮肥量控制在18～20千克；对小麦秸秆全量还田的前期可适当增施速效氮肥，调节碳氮比至20～25∶1；畜禽规模养殖地区有机肥资源充裕的区域，要根据有机肥的施用情况酌情调减化学氮肥用量。

（二）磷、钾肥施用量

每亩施磷（P_2O_5）量要控制在3.5～5千克以内，土壤速效磷较高，小麦、油菜施磷量较高的地区，每亩施磷量可减少0.5～1千克；施钾（K_2O）量一般为每亩5～10千克。通常磷钾肥一次性作基肥施用（钾肥在严重缺钾地区可分基肥与穗肥各半施用），磷钾肥的基肥配比应根据当地土壤肥力的高、中、低合理调整，原则上以中低浓度磷钾配方肥料为主。其中，高肥力土壤以低磷低钾配方为主，中等肥力土壤以低磷中钾配方

模块四 肥料运筹与科学施肥

为主,低肥力土壤以中磷中钾配方为主,严重缺钾地区以中磷高钾配方为主。

四、水稻的施肥时期和方法

(一)基肥的施用

水稻栽插前施用的肥料称为基肥,通常也称底肥。基肥可以源源不断地供应水稻各生育时期,尤其是生育前期对养分的需要。基肥的施用要强调"以有机肥为主,有机肥和无机肥相结合,氮、磷、钾配合"的原则。

基肥中首先要应用肥效稳长、营养元素较齐全、有改良土壤作用的迟效性肥料,如绿肥、厩肥、堆肥、沤肥、泥肥等。这些肥料一般在翻耕前施下,翻埋于耕作层。同时,还应在最后一次耙田时,再施用腐熟人粪尿、尿素(或碳酸氢铵)、过磷酸钙、草木灰等速效性肥料,做到"底面结合、缓速兼备",使迟效性肥料能缓慢持续地释放养分,供应水稻生长,避免中途脱肥;速效性肥料又能在稻田移栽后即供应养分,促进返青分蘖和生长发育。

基肥的用量和比例,应根据土壤肥力、土壤种类、施肥水平、品种生育期和移栽秧龄而定。

土壤肥力低的,基肥用量和比例可适当增加;土壤肥力高的则适当减少。

土壤深厚的黏性土,保肥力强,用量和比例应适当增加;而土壤浅薄的沙性土,保肥力差,用量和比例应适当减少。

施肥水平高的,用量和比例适当增加;反之则适当减少。

品种生育期长,移栽秧苗叶龄小,施肥要多些;而品种生育期短,移栽秧苗叶龄大,施肥要小些。

通常绿肥茬、油菜茬等地力较肥的田块,可少施基肥;反之,地力较贫瘠的田块可多施基肥。

基肥占总施肥量的比重可以在40%～60%范围变动。通常氮肥中30%～40%作基肥施用,基、蘖肥与穗肥中氮肥比例为60%～65%:35%～40%,土壤肥力高的高产田块可调整为50%:50%。有机肥、磷肥全部作基肥,钾肥通常也一次性作基肥施用(但严重缺钾地区基肥中施用50%,余下作穗肥追施)。在正常栽培情况下,基肥用量也不宜过多。因基肥过多,养分在短期内无法被秧苗所利用,会因稻田灌排和渗漏而流失,降低肥料利用率,同时还会导致肥害僵苗。

如果土壤的蓄肥力差,基肥用量又少,可采用浅层施肥法,将肥料施在根系最密集的部位,以利于根系吸收。移栽时如果温度低,需用少量速效肥料做面肥。

(二)分蘖肥的施用

分蘖肥是秧苗返青后追施的肥料,其作用是促进分蘖的发生。分蘖肥一般应在返青后及时施用,以速效氮肥为主,促使水稻分蘖早生快发,为足穗、大穗打下基础。但肥料施用不宜过早,因为水稻栽插后有一个植伤期,植伤期间根系吸收能力弱,肥效不能发挥,同时还会对根系的发育产生抑制作用,反而会推迟分蘖的发生。

分蘖肥的施用原则是,使肥效与最适分蘖发生期同步,促进有效分蘖,确保形成适宜穗数;控制无效分蘖,利于形成大穗,还能提高肥料利用率。因此,分蘖肥应注意在晴天施、浅水施,或是采用其他方法做到化肥深施。具体的施肥数量应根据土壤肥力、基肥多少和有效分蘖期的长度、苗情长势等确定。一般土壤肥力高、基肥足、稻苗长势旺的可适当少施;反之则应适当多施。有效分蘖期短的,一般在施基肥的基础上,返青后一次性亩施尿素10～15千克;而有效分蘖期长的,在第一次施有分蘖肥的基础上,还要根据苗情每亩再补施尿素6.5～9千克。

（三）穗肥的施用

从幼穗开始分化到抽穗前施的追肥统称穗肥。合理施用穗肥既有利于巩固穗数，又有利于形成较多的总颖花数，还能强"源"、畅"流"，形成较高的粒叶比，利于提高结实率和千粒重。因而，在优质水稻的高产栽培中，普遍重视穗肥的施用，较大地提高了穗肥的施用比例。穗肥用量一般占总氮量的35%～40%，高产田块可以达到50%。

穗肥因其施用时期不同，作用也不同。在幼穗分化开始时施用的，其作用主要是促进稻穗枝梗和颖花分化，增加每穗颖花数，称为促花肥。通常在叶龄余数3.5叶左右施用，一般每亩施尿素9～15千克。具体施用时间和用量要因苗情而定，如果叶色较深不褪淡，可推迟并减少施肥量；反之，如果叶色明显较淡的，可提前3～5天施用，并适当增加用量。

在开始孕穗时施的穗肥，其作用主要是减少颖花的退化，提高结实率，称为保花肥。通常在叶龄余数1.5～1.2叶时施用，一般每亩施尿素4～7千克。对于叶色浅、群体生长量小的，可多施；对叶色较深者，则少施或不施。

除此之外，对于前期施肥不足，表现脱肥发黄的田块，可于齐穗前后用1%的尿素溶液作根外追肥，起延长叶片寿命、防止根系早衰作用；对于有贪青徒长趋势的田块，可向叶面喷施1%～2%的过磷酸钙，可提高结实率和千粒重，促进早熟。

第五节　水稻缺素症与肥害

所谓水稻缺素症指的是生长过程中缺少某种大量和中、微量元素，由于该元素的缺少所引发的植株生长不良、表现出的病态的现象。肥害是指某种营养元素人工施入过剩所表现的病态。元素的缺少和过剩，均能够给水稻正常生长造成极大的危害。

一、氮素

水稻缺氮时,生长缓慢,植株矮小,叶片发黄。缺氮症状先从下部老叶开始发黄,逐渐扩展到上部幼叶,一片叶先从叶尖开始,后沿中脉扩展至整个叶片。成熟期提早,成穗率低,有效穗少,穗子短,每穗粒数少,产量低。氮肥施用过量时,水稻叶片深绿,肥厚宽大,植株高大、柔软,茎、叶疯长。分蘖大量发生,叶片下披,通风透光不良,易诱发病虫害,甚至发生倒伏。造成水稻贪青晚熟,空秕粒大量增多,导致产量下降。

二、磷素

水稻缺磷时,一般表现为僵苗,稻株生长显著缓慢,稻丛成簇状,不分蘖或很少分蘖。稻苗细瘦,色暗绿或灰绿带紫。严重时叶片沿中脉呈环状卷曲,叶片萎缩。对于能产生花色苷色素的品种,缺磷会使叶片略带红色或紫色。缺磷植株根的特征是短而细,多为黄根,基本无白根,也无黑根,软绵少弹性,侧根少,且紧夹不分开,严重时根系变黑腐烂。缺磷还延迟抽穗、开花和成熟,且抽穗困难,成熟不一致,穗粒少且不饱满。水稻施磷过量时无增产作用,往往会引起缺锌而减产。

三、钾素

水稻缺钾时,其发病叶片上有褐色斑点,常称为赤枯病。一般刚开始缺钾时,表现为生长缓慢,植株矮小,很少分蘖。老叶褪黄,叶尖有烟尘状褐色小点,发展成褐斑,形状不规则,边缘分界明显,常以条状或块状分布在叶脉间,严重时褐斑连成片,整片叶子发红枯死。发病时,稻株根系受阻,新根少且短,老根细瘦无弹性,褐灰色至黑色,甚至发臭腐烂,病株容易拔起。水稻严重缺钾时抽穗困难,子粒干瘪,皱缩,节间短,易倒伏。稻株发病表现症状,从下部老叶尖端开始,逐步向叶片基部扩展。水稻施钾过量时虽然没有害处,但也无明显增产效果。

四、微量元素

(1)水稻缺锌时,水稻返青后开始发病,一般插秧后20天达到高峰。病症首先表现为缩苗不长,在植株基部叶片的叶尖干枯,接着叶片的中段出现黄赤乃至赤褐色的不规则锈斑,新叶中脉尤其是基部褪绿。病株出叶慢,分蘖少,发根弱,生长矮小,成熟迟,水稻出现僵苗。

(2)水稻缺铁时,一般发生在秧田的幼苗期,全叶褪绿,然后发白,叶脉绿色。如果铁的供应突然中断,新出叶褪绿。另外,缺铁时除秧苗褪绿外,秧苗生长比较正常,没有植株矮化和畸形症状。

(3)水稻缺锰时,首先是底部叶脉间失绿,并有浅棕色针状斑点,进一步发展成条斑状,以后变褐色坏死。水稻植株矮小,但分蘖正常,新出叶变小、窄狭、淡绿色。

(4)水稻缺硼时,株高降低,正在出生的叶尖端变白、卷曲。严重时生长点可能死亡,但新蘖继续发生。

(5)水稻缺铜时,叶子呈蓝绿色,以后近于叶尖处褪绿,卷缩,严重时顶端停止生长。褪绿沿叶脉两边向下发展,随之叶尖变深褐色坏死。后来长出的叶片折叠弯曲,近白色,但分蘖较正常,新生分蘖可继续生长,水稻结实不良,空瘪粒多,产量降低。

(6)水稻缺钼时,一般在移栽后35天出现病症。严重时中部和上部的叶脉间稍有缺绿症,以后横向发展,最后折断。病症轻时叶片呈灰绿色。

(7)水稻缺钙时,如果程度较轻,一般对植株外观影响很小,但当缺钙严重时,上部新生叶的叶尖变白、卷曲萎缩,缺钙特别严重时，导致植株矮化，生长点坏死。

水稻缺素症状、原因及防治措施见表4-1。

表4-1 水稻缺素症状、原因及防治措施

缺素症状	缺素原因	防治措施
缺氮发黄症： 植株矮小，分蘖少，叶片小，呈黄绿色，成熟提早。叶片由下而上逐渐变黄，先从老叶尖端开始向下均匀黄化，最后全株叶色褪淡，变为黄绿色，下部老叶枯黄；发根慢，细根和根毛发育差，黄根较多	未施底肥或底肥不足	喷施2%尿素，每亩地用量350克
缺磷发红症： 插秧后秧苗发红不返青，很少分蘖，或返青后出现僵苗现象；茎叶暗绿或呈紫红色，生育期延迟	新垦沙质河滩地和土壤有机质贫乏的稻田、冷浸田，以及底肥不足、生产上遇倒春寒等条件下都易发生缺磷症	喷施2%磷酸二铵，每亩地用量300克
缺钾赤枯症： 缺钾植株矮小，呈暗绿色，虽能发根返青，但叶片发黄呈褐色斑点，老叶尖端和叶缘发生红褐色小斑点，最后叶片自尖端向下逐渐变赤褐色枯死。以后每长出一层新叶，就增加一片老叶的病变，严重时全株只留下少数新叶保持绿色，远看似火烧状	单施氮肥或施氮肥过多，而钾肥不足，易发生缺钾症	喷施2%硫酸钾，每亩地用量300克
缺锌丛生症： 稻苗缺锌，先在下叶中脉区出现褪绿黄化状，并产生红褐色斑点和小规则斑块，后逐渐扩大呈红褐色条状，自叶尖向下变红褐色干枯，一般自下叶向上叶依次出现。病株新叶短而窄，叶色褐淡，尤其是基部叶中脉附近褪成黄白色	碱性土壤和低洼地在低温条件下易缺锌，过量施用氮、磷肥易缺锌	喷施1%硫酸锌，每亩地用量150克

五、分蘖肥

在秧苗苗质弱的情况下,因为缓苗慢,为促进分蘖,大量施用氮肥的习惯一直沿用到现在,并把分蘖肥看成是一成不变的固定技术。结果,一方面,极易引起无效分蘖率提高、植株生育过分繁茂、叶片披垂重叠遮阴等后果,而且叶片含氮量过高,还会阻碍以氮代谢为主向碳代谢为主的转移,有可能延长营养生长而推迟出穗期,这些都不利于增产。另一方面,大量施用分蘖肥后,由于分蘖多,不敢施用穗肥,导致因养分少使分蘖大量死亡、无效分蘖增加、出穗不齐、穗小等诸多问题,产量不高、不稳。那么插秧后秧苗小,底肥的养分足以满足分蘖所需养分的情况下为什么还要给分蘖肥呢?这与秧苗素质有关,在秧苗苗质弱、缓苗慢的条件下,根系少而小,吸收养分慢,分蘖自然就少,因而,为了促进分蘖就给分蘖肥。如果秧苗素质好,根系多,分蘖时并不依靠分蘖肥,利用底肥就可以满足分蘖所需的养分,并不需要追分蘖肥。因此,应当减少施用分蘖肥,而用补肥来调节。水稻分蘖发生的最适宜气温为30~32℃,最适宜水温为32~34℃。气温低于20℃、水温低于22℃,分蘖缓慢;气温低于15~16℃、水温低于16~17℃或气温超过38~40℃、水温超过40~42℃,分蘖停止发生。

第六节 水稻高产施肥法

一、高产施肥法

在中等肥力下30厘米×26.7厘米的"三早"超稀植栽培争取9000千克/公顷产量为目标设计如下施肥方法:

每公顷总肥量:纯氮120千克,五氧化二磷50千克,氧

化钾 50 千克(以下的百分比为占总肥量的分配比率)。具体方法如下:

(1)底肥。纯氮 40%＋五氧化二磷 100%＋氧化钾 60% (耙地前全层施用)。

(2)分蘖肥。以不施为原则。

(3)补肥。纯氮 20%。

补肥的施用时间见表 4-2。

表 4-2　补肥的施用时间

补肥施用时间	出穗前天数	6 月 15 日分蘖指标
6 月 15 日	50	1 穴平均茎数小于 13 棵
6 月 20 日	45	1 穴平均茎数 13～15 棵
6 月 25 日	40	1 穴平均茎数大于 15 棵

注：插秧密度 30 厘米×20 厘米时，1 穴平均茎数减少 3 棵为指标数。

(4)穗肥。纯氮 30%＋氯化钾 40%。施用时期，施用补肥后 15～20 天施用，要求 7 月 5 日左右时，30 厘米×26.7 厘米的"三早"超稀植栽培 1 穴平均茎数达到 30 棵。30 厘米×20 厘米的稀植栽培 1 穴平均茎数达到 25 棵。

(5)粒肥。氮 10%。抽穗前后，什么时候水稻叶色变黄就什么时候施用。

二、一次性施肥

在施肥中有一次性施肥和分次施肥。一次性施肥是指把水稻全生育期所需的全部肥料一次性施入农田的施肥方式，即在播种前或播种时，把全生育期所需肥料一次性作底肥施入。分次施肥是指把肥料在水稻各个生育时期，根据所需营养元素的种类和数量，进行分次施入肥料的方式。

一次性施肥又叫"一炮轰"施肥。在施用过程中一定要深施

(10～15毫米)，施用量一定要根据土壤肥力和品种需肥量灵活掌握，漏水漏肥的地块不宜采用。

一次性施肥具有省工、省时的作用。同时耕地内工作频率少，耕层动土少，避免了对根系的伤害，增加根的生物量，提高了根的活动力和吸收力，有促进生长的作用。由于一次性施肥量较大，盐浓度过高，容易产生肥害，所以一定要深施，否则将影响产量。这种施肥方式对氮肥要求技术较高，因为氮素肥料是水溶性较好的肥料，水溶较快，易发生养分集中释放的现象，造成氮素流失和肥害。所以一定要使用具有缓释作用的尿素，防止生育后期氮素供应不足的情况发生。对实施的地块要求也较严格，必须是保水保肥效果好、不漏水漏肥地块。漏水漏肥地块不能进行一次性施肥，该种地块后期极其容易发生脱肥现象，导致产量下降。水稻生产中最好不采用一次性施肥方法，因为水田长期存水，肥料在水中溶解率高于玉米等旱田，及其容易造成氮肥的反硝化作用，磷、钾元素溶于水中均能造成营养元素的大量流失，降低肥料利用率。

三、补肥

水稻的分蘖也有自己的规律(N－3的规律)，即第4叶后，出第5叶的同时，在第1叶上产生第1节1次分蘖。1次分蘖也以同样的规律出现2次分蘖，还有3次分蘖，依此类推。因此按照这个规律，秧苗小的时候，每隔5天左右，每个节上只能出1个1次分蘖。所以分蘖初期，分蘖就慢、就少，吸收养分也少。但到6月20日后进入分蘖盛期，出现高节位的1次分蘖的同时，中节位的2次分蘖和低节位的3次分蘖也在同一时间出现，因此有时1天1穴出现3个左右的分蘖。这时水稻需要吸收大量的养分来维持分蘖的需要，这个时期大致出现在6月25日前后。所以6月15～25日追的补肥是符合水稻分蘖规律和养分需求的，不仅要给，而且必须多给，以满足水稻分蘖生长所需营养。

四、超级稻和小井稻施肥法

（一）超级稻施肥法

氮肥的追肥时期与米质。水稻出穗前 25 天（7 月 5 日）至出穗后 5 天的穗肥，不同的追肥时间表明，穗肥追肥时间晚时，虽然能提高出米率，减少垩白度，有利于提高优质米的加工和外观品质，但也降低食味和产量。因此，穗肥的追肥时间不能晚于 7 月 10 日。当然，沙质土等肥力差、漏水漏肥重的地块，应适当分期追肥。

1. 化肥与米质的关系

（1）氮肥。在每公顷单施纯氮 120 千克的情况下，出米率最低、垩白度最高、直链淀粉和蛋白质含量居中。说明单施氮肥不利于提高米质，但却是争取产量的最主要养分。

（2）磷肥。在每公顷施纯氮 120 千克的基础上，加施五氧化二磷 46 千克，比单施氮肥整米率提高，垩白度和直链淀粉降低，而蛋白质含量则有所增加。说明磷肥总体上有利于提高米质。

（3）钾肥。在每公顷施纯氮 120 千克加施氧化钾 50 千克的条件下，整米率最高，垩白度和蛋白质含量进一步降低，直链淀粉有所提高，米有光泽。说明多施钾肥非常有利于提高米质。

（4）镁肥。在上述氮、磷、钾的基础上，每公顷加施氧化镁 15 千克的处理中，几乎所有米质化验结果都比单施氮、磷、钾好。由此可以肯定，水稻优质米生产中，镁肥已成为不可缺少的元素。

2. 施肥方法

根据上述结果，每公顷的总肥量应为纯氮110～120 千克，

模块四　肥料运筹与科学施肥

五氧化二磷46千克,氧化钾50千克,氧化镁15千克。具体施肥方法如下:

(1)底肥。耙地前,施氮肥40%,施磷肥100%,施钾肥60%,施镁肥100%。

(2)补肥。一般于6月15~20日施氮肥30%。

(3)穗肥。在7月5日左右施氮肥30%和钾肥40%。

注意:①沙质土等肥力差的地块,应增加10%~20%的氮肥,在出穗前后,叶片褪绿时施用,并减少一半钾肥。②冷凉洼地,应减少10%~20%的氮肥,并增加50%的钾肥。

综上所述,优质米栽培施肥技术,应遵循的原则是控制氮肥施用量,适当施用磷肥,增施钾肥,必保镁肥。

(二)小井稻施肥法

小井稻的施肥在基本按照以上各稻区的施肥量和施肥方法执行的同时,应注意以下几点:一是增施磷肥可以显著提高水稻的抗低温能力,但磷元素的移动能力差,所以在小井稻施肥中必须十分重视磷肥肥料种类。二是施二铵因用量少且呈颗粒状,与土壤的接触面小,降低肥的效果。所以,小井稻的磷肥每公顷150千克二铵,以利于秧苗吸收。

另外,小井稻水凉、地凉,水稻往往延迟生育,出穗晚、成熟度下降。因此在同样的条件下,应安排相对早熟期的品种,在减少氮肥量10%~20%的同时,分蘖肥或补肥最好使用硫酸铵,这样可以加快水稻的吸收速度,促进早生快发。

第七节　测土配方施肥

水稻专用肥是配方肥的一种,是指利用测土配方技术,根据不同作物营养的需要、土壤养分含量和供肥特点,以各种单质肥或复混肥为原料,有针对性地添加适量中、微量元素或特定的有机肥料，采用掺混或造粒等工艺加工而成的，具有很强的针对性和地域性的专用肥。

作物生长的根基是土壤，植物养分的60%～70%是从土壤中吸收的。土壤养分种类很多，主要分三类：第一类是土壤里相对含量较少，农作物吸收利用较多的氮、磷、钾，叫做大量元素。第二类是土壤含量相对较多，但农作物需要却较少，像硅、硫、铁、钙、镁等，叫做中量元素。第三类是土壤里含量很少、农作物需要的也很少，主要是铜、硼、锰、锌、钼等，叫做微量元素。土壤中包含的这些营养元素，都是作物生长发育所必需的。当土壤中某种营养供应不足时，就要靠施肥来补充，通过测土确定出土壤中某种养分的缺少量，根据养分的缺少数量，调配施入肥料的比例，以达到供肥和农作物需肥的平衡，所以要进行测土配方施肥。

测土配方施肥技术是一项较先进的、精确的施肥技术。测土、配方、生产、施用一条龙服务，由专业部门进行测土、配方，由化肥企业按配方进行生产并供给农民，由农业技术人员指导科学施用。这样，就把一项比较复杂的先进技术变成了一件简单的易于操作的农业技术，应用到生产中去，发挥出它应有的作用。

另外，农作物必需的各种营养元素在作物生长中的作用是同等重要、互相不可代替的。如果有一种元素缺乏，其他元素施得再多也不能高产。如果长期单独施某一种营养元素，土壤里积累量超过了作物需要量，就会影响作物对其他元素的吸收，造成其他元素的缺乏，导致作物生长不良。单一施肥，过量施肥，会破坏养分平衡，污染土壤和地下水。这就提醒我们要合理施肥，不能单一施肥和过量施肥，所以采用配方施肥。

模块四 肥料运筹与科学施肥

一、稻草还田

稻草中含有大量的硅元素,同时还含有氮、磷、钾等其他元素,对培肥土壤、增强肥力,改善土壤结构,起到很好的效果。

具体做法:收割水稻时,高留茬 10~12 厘米,并把 50%~70% 的稻草进行还田,机械收割时可直接还田,随着秋翻可把稻茬和稻秆直接还到田里,人工收割的水稻,可在第二年春天旱耙前,把稻草粉碎施到田里。

二、配方施肥

配方施肥,配比要合理,氮:磷:钾最好是 1:0.5:0.6,当然要根据不同地块肥力,进行不同的配比,确定施肥量,做到因地制宜。一般中等肥力条件下每公顷产量达到 1000 千克左右,需要纯氮 150~160 千克、纯磷 70~80 千克、纯钾 75~100 千克。在盐碱地区,增施锌肥 10~20 千克。

(一)中等肥力条件下配方施肥方法

1. 基肥

翻地前将有机肥全部施入水田中,在此基础上,把氮肥的 30%、钾肥的 70%,磷肥和锌肥全部做基肥施入。

2. 返青分蘖肥

氮肥的 25%,在插秧后 5~7 天施用。

3. 补肥

氮肥的 25%,在 6 月 20~25 日前施入。

4. 穗粒肥

氮肥的 20% 做穗粒肥,钾肥的 30%,于 7 月 15~17 日前后施入。粒肥,则要看水稻长势,看地块酌情施用。

(二)旱育稀植施肥方法

旱育稀植高产施肥法,指的是栽培密度为30厘米×26.7厘米(9寸×8寸)条件下的施肥方法。该方法所追求的理想水稻长相,并不是猛促分蘖来确保早期大量茎数,以此争取像密植栽培一样多的有效穗数。此方法先用少蘖壮秆品种,培育壮秧、减少插秧密度,其目的是要创造壮秆、大穗、粒多、结实率高、充满活力的高产水稻。因此,施肥技术也应该适合这种栽培目标。所以,在生产实践中,一定要坚持前控、中补、后重的施肥原则。所谓前控,指的是要控制底肥量,一般情况下不施分蘖肥;中补指的是在前控基础上,到分蘖中期出现缺肥,分蘖受到影响时补施一定量的氮肥,继续维持分蘖发育;后重指的是在前控、中补的前提下,依靠秧苗的壮度,利用有限的底肥和补肥渐渐地增加分蘖,使产生的分蘖茎更多地积累养分,在这个基础上,放心地增加穗肥,达到保蘖增粒的目的。

在中等肥力条件下,采用30厘米×26.7厘米(9寸×8寸)栽培密度进行稀植,争取1000千克/公顷产量为目标,设计如下施肥方法:

每公顷总肥量:纯氮150千克,纯磷(P_2O_5)50千克,纯钾(K_2O)65千克(对于草塘低洼地,氮肥用量可以减少20%,而钾肥可以增加20%)(以下的百分比为占总肥量的分配比率)。

(1)底肥。纯氮40%+纯磷100%+纯钾60%。以耙地前全层施用,全层翻耕到土层中。

(2)分蘖肥。分蘖肥以不施为原则。

(3)补肥纯氮量20%。补肥施用时间以及分蘖指标见表4-3。

表 4-3　补肥施用时间及分蘖指标

补肥施用时间	出穗前天数	6月15日分蘖指标
6月15日	50	1穴平均茎数小于13棵
6月20日	45	1穴平均茎数13～15棵
6月25日	40	1穴平均茎数大于15棵

注：插秧密度30厘米×20厘米时，1穴平均茎数减少3棵为指标数。

（4）穗肥。纯氮30%＋纯钾40%。施用时期，施用补肥后15～20天施用，要求7月5日左右时，30厘米×26.7厘米（9寸×8寸）的超稀植栽培1穴平均茎数达到30棵。30厘米×20厘米（9寸×6寸）的稀植栽培1穴平均茎数达到25棵。

（5）粒肥纯氮量的10%。在抽穗前后，具体施用时间应当视水稻的长势、长相而定，决不能盲目的乱施用，当水稻叶色变黄时，此时期就可以施用。否则，将不施用粒肥。

此外，硅肥有利于水稻壮秆，提高水稻的抗病抗倒伏能力，有条件的地方，每公顷可施500千克，在插秧前，一次性施入，做底肥。

模块五　水稻的需水特性与节水灌溉

根据水稻的需水规律，对不同的生长发展阶段进行科学合理的灌溉，是一项夺取水稻高产、稳产的重要措施。

水田灌水应因地制宜，看地、看天、看长势灵活掌握。灌水的总的原则是分蘖期浅灌 3.3 厘米左右，增加地温，促进分蘖。7 月份的孕穗期开始以后，气温高，土壤中细菌活跃，有机质分解加剧，土壤中的氧气消耗大，硫化氢等有害物质杀伤稻根，造成水稻底部叶片枯死过早、过多，这是水稻成熟度下降的主要原因之一。因此，这个时期水分管理以增加土壤氧气为主要目的，增强根系活力，确保活秆成熟。从 7 月到撤水前，黑黏土、河淤土、盐碱土等通透性差的稻田，先灌 3.3 厘米的水，等到水落干后再灌 3.3 厘米水的间断灌水方法。低洼地等极端排水不良的地块，在灌水落干，等到地表裂细纹后再灌一遍水。沙土地应始终保持 3.3 厘米的水。若 7 月中、下旬日平均气温达到 17℃ 以下时，容易受低温影响，造成障碍型冷害，产生没有受精的空粒。这也是造成严重减产的自然原因。因此，在遇到这样的天气时，应灌 20 厘米以上的水来减轻冷害的发生。

生产优质米对撤水时间要求严格，撤水早会严重影响米质。一般撤水时间最早不能早于出穗后 35 天，条件允许时，只要在不影响收割的前提下撤水越晚越好。

模块五 水稻的需水特性与节水灌溉

第一节 优质水稻水分管理技术

水稻的水分管理,不仅影响水稻产量,还会影响到稻米的品质。在水源保证灌溉的地区,根据水稻的需水规律及灌溉对生态环境的调节作用,进行水分管理,是优质水稻高产、高效生产的重要环节。

一、水稻的需水规律

(一)稻田需水量

稻田需水量是指水稻生育期间单位土地面积上的总用水量,也称耗水量。它是由植株蒸腾、株间蒸发及稻田渗漏三个部分,前两个部分合计称为腾发量。移栽水稻的稻田需水量应包括秧田和本田两部分,但秧田期需水量较少,约占本田需水量的3%~4%。尤其是旱育秧需水更少,不到本田需水量的1%,因此,一般秧田需水量可忽略不计,只考虑本田需水量。

稻田腾发量的大小与气候条件和栽培措施有密切关系。腾发量与积温呈正相关,在栽培措施中,密植田块的单位面积株数增多,叶面积指数增大,故穴间蒸发量减少,而叶面蒸腾量则相应增大,但其腾发量和密植较稀植仍有增多的趋势。一般随着施肥水平的提高,而增加田间稻株繁茂程度和物质累积数量,从而腾发量绝对值也相应提高。

在水稻的一生中,腾发量随生育时期的不同而异,蒸腾和蒸发是互为消长的。蒸腾强度是随着叶面积的增加而增加的,从孕穗到抽穗期达到高峰,以后随着叶面积指数的降低而降低。株间蒸发的变化则与蒸腾相反,插秧初期叶面积指数小,蒸发远大于蒸腾,进入分蘖期后随着叶面积的增加而降低,拔节期以后基本稳定,后期叶面积指数降低后又略有回升。蒸腾和蒸发之和即为腾发强度，腾发强度的变化与叶面积指数的消长相似，大体是返青后逐渐增加，从孕穗到抽穗期达到高峰，以后又逐渐降低。

稻田渗漏包括向田埂侧面渗漏和向稻田底渗漏两种。田埂侧面渗漏，只要堵塞田埂孔洞和夯实田埂就可以解决。向稻田底渗漏，首先是土壤沙性较大、土壤结构性差，其次是地下水位较低，还有新稻田没有形成犁底层或老稻田因深耕破坏了犁底层。稻田渗漏量大，不仅浪费水分，也会导致养分的大量流失，而且易引起干旱，不利水稻生长。

适度的渗漏量是丰产土壤的一项重要特性，它可以促进土壤气体交换，供给根部呼吸作用需要的氧气，并能排除土壤中多余的盐分和避免还原性有毒物质的积累，对水稻生长有利。

稻田需水量，除一部分由水稻生长季节的降水直接供给外，还有一部分需要灌溉来补充，单位面积稻田需要灌溉补充的水量叫做稻田的灌溉定额，一般南方单季稻的灌溉定额为每亩 200～280 立方米，变幅较小。

（二）水稻的不同生育时期对水分的需求

在水稻的一生中，任何时期缺水受旱都对水稻的生长发育有一定影响。其中，以孕穗期缺水对水稻产量的影响最大，其次是灌浆期，再次是幼穗分化期。

返青期缺水受旱，秧苗不易返青成活，即使成活，分蘖、稻株生长也会受到抑制，还会影响以后的生长。幼穗分化期是水稻一生中需水量最多的时期，如果受旱，会影响幼穗的发育，造成穗粒数减少，结实率下降，导致严重减产。抽穗开花期也是水稻对水分十分敏感的时期，此期受旱，抽穗开花困难，减产严重，甚至绝收。灌浆期受旱，会使粒重、结实率降低，且青米、死米、腹白米增多，严重影响产量和稻米品质。

二、稻田的水分调控

(一)水稻的生理需水和生态需水

(1)水稻的生理需水。生理需水是水稻本身生长发育和进行正常生理活动需要的水分。水稻植株体内含水量约占75%以上,活体叶片所含水分为80%～95%,根部为70%～90%,成熟后的种子含水量占干重的14%～15%。水稻生理需水的指标是蒸腾系数,即生产1克干物质所消耗的水分数量,水稻的蒸腾系数一般在395～635。水稻生理需水的多少与品种特性有密切关系,一般植株高大、生育期长、自由水含量高的品种,生理需水多。而植株矮小、生育期短、束缚水含量高的品种,生理需水少。生态环境条件对生理需水有直接影响,大气湿度低,温度高,光照强,风大,生理需水较多。

(2)水稻的生态需水。生态需水是指利用水作为生态因子,营造一个水稻优质高产栽培所必需的体外环境而需要的水。①以水调温。水层对稻田温度和湿度有一定调节作用,可以缓解气候条件剧烈变化对水稻的影响。例如,低温时可灌水保温,高温时可灌水降温等。②以水调气。在稻田土壤中,水与气常成一对矛盾,淹水土壤中空气少,湿润土壤中空气多。例如,生产中可采取干干湿湿等措施,解决水气矛盾,促进根系发育。③以水调肥。众所周知,无机元素必须溶解在水中才能被水稻所吸收,同时水层又能提高水稻对氮(主要是铵态氮)、磷、硅、铁等元素的吸收,降低对钾的吸收。例如,分蘖期建立水层,促进水稻对氮、磷等元素的吸收,有利于早发分蘖,提高分蘖成穗率;分蘖末期搁田,能降低对氮、磷吸收,促进对钾的吸收。④以水控长。水分状况直接影响水稻生长发育,是栽培调控的重要手段。例如,通过浅湿灌溉,促进分蘖生长;运用断水搁田或是深水灌溉,控制分蘖发生;通过干湿交替、养根保叶防早衰等。⑤以水抑草。通过水层调节，在一定程度上可以抑制稻田杂草，减轻杂草的危害。例如，水层对一般旱生杂草和湿生型的稗草等都有不同程度的淹灭效果；搁田又能抑制某些沼生或水生杂草的发生。⑥以水洗盐。在盐碱地上，可以通过灌水洗盐、稀释盐分，使水稻成为盐碱地的先锋作物。

（二）稻田的水层管理

稻株个体的生理需水与群体的生态需水，两者是对立统一的矛盾。一般情况下，稻田的水层管理是根据统一关系来确定。当稻株生长过旺时，即个体生理需水和群体生态需水发生矛盾时，水层管理方式需要根据群体的生态需水来制定。由于水稻的生理需水和生态需水都有一定的变化幅度，而且又受气候、土壤、栽培季节和栽培条件等因子影响，所以，水稻水层管理具有多样性。但是，由于水稻的遗传性所形成的以淹水层或高度湿润为主的水层管理方式，决定了根据生态需水变化调整水层管理方式是水层管理的基本原则。

（三）稻田的排水搁田

水稻搁田，又称为晒田、烤田，是我国稻田灌溉技术中一项古老而独特的措施，已成为水稻高产栽培水分管理中的重要环节。合理的搁田可以协调水稻生长与发育、个体与群体、地上部与地下部、水稻与环境等诸多矛盾，实现水稻的优质高产。搁田的主要作用可概括为如下几点：

（1）改善土壤环境。水稻栽插后，稻田土壤在较长时期的水层环境中，土壤还原性增强，氧化还原电位下降，土壤中甲烷、亚铁、硫化氢和低锰等有毒物质含量增加。通过排水搁田，可增加土壤中的氧气，提高氧化还原电位，分解有毒物质，改善土壤理化性状，更新土壤环境。

(2)控制无效分蘖。在排水搁田过程中，幼小分蘖因根系不健全而对缺水很敏感，因而较多主茎和大分蘖易脱水死亡，从而能有效地控制无效分蘖。在幼小分蘖死亡过程中，能将部分养分回流转入主茎和大分蘖，还能巩固有效分蘖，提高分蘖成穗率。

(3)促进根系发育。通过搁田，使土壤失水干燥产生裂缝，土壤渗透性增强，大量空气进入耕作层，使土壤中氧气含量增多，即使在复水后土壤中空气也能继续更新，原来因淹水产出的有毒物质得到氧化而减少，有利于根系向下深扎，根系活力显著增强。

(4)调整植株长相。搁田可暂时控制根系对氮的吸收，但总体上来说有利于磷、钾、硅酸的吸收，稻株体内氮素同化作用相对减弱，部分同化产物得以多糖形式在茎鞘中积累，使叶色由深绿变为浅绿或黄绿，并能抑制细胞伸长和茎叶徒长，可使正在分化伸长的节间变短。

(5)减轻病虫为害。搁田降低了稻田的株间湿度，能一定程度地抑制病原物和害虫的滋生。同时，植株健壮程度增加，抗逆能力增强，因而有利于防止和减轻纹枯病、稻飞虱等病虫的发生和危害。

三、水稻不同生育期的水分管理

稻田水分管理技术是在几十年的研究和实践中不断发展和完善起来的。稻田的水分管理策略是，根据水稻不同生育期的需水规律和水稻对水分敏感程度来调节田间水分，实行控制灌溉。通过水分调节，对水稻生长发育和稻田生态环境进行有效促控，实现节水、保肥、改土、抗倒伏、抗逆境和减轻病虫草害，最终达到水稻生产的高产、优质、低耗和环境友好。水稻大田阶段不同生育期水分管理的关键技术如下。

(一)栽秧期

无论是人工栽插，机插，还是抛秧，栽插时田面保持薄水层，这样可以掌握株行距一致，插得深浅一致，插得浅、插得直，不漂秧，不缺穴，返青也快。

插秧时，气温较低的，水层可以浅些；而气温较高的，为避免搁伤秧苗，应根据苗高适当加深水层，一般3～5厘米为宜。

(二)返青期

水稻秧苗移栽后，应立即灌深水，有利于秧苗返青。因移栽时受伤的根系未能恢复，新根又没有长出，根系的吸水能力较弱，而叶面的蒸腾作用仍不停地进行，往往造成水分支出大于收入，很难保持稻株体内的水分平衡，叶片变黄，甚至出现凋萎等现象。插秧后的返青期内，要保持一定的水层(通常水层以苗高的1/3为宜)，以满足稻株生理需水和减少叶面蒸腾，使秧苗早发新根，加速返青。

对于移栽时秧龄较长、秧苗较大，深水返青更为重要，特别是在气温高、湿度低的条件下栽插的秧苗，栽后更要注意深水护苗，最好白天灌深水护苗，晚上排水，以促发根返青，如果缺水，易导致叶片永久萎蔫，甚至枯死。

旱育秧苗根系活力强，在湿润条件下发根速度和分蘖发生加快，几乎没有缓苗期，不需要深水护秧，但注意不能断水受旱。

栽秧(抛秧)后5～7天，一般秧苗都已扎根立起，也是田间杂草大量集中萌发时期，应选用适宜的除草剂建立浅水层进行土壤封闭处理。施用除草剂后，必须按照相应的要求保持3～5天不排水，若缺水需及时补水。

(三) 分蘖期

分蘖期以浅水灌溉为主，勤灌浅灌，只保持 1～2 厘米水层，或实行间歇灌溉。方法是田间灌一次水，保持 3～5 天浅水层，以后让其自然落干，待田面无明水、土壤湿润时，再灌一次水。

分蘖期浅水灌溉或间歇灌溉，可使田间水、肥、气、热比较协调，稻株基部受光充足，分蘖发生早，根系发达。分蘖期若田间灌水过深，将妨碍田间土温的上升或使水稻分蘖节部位昼夜温差过小，影响分蘖的早生快发。同时，水层过深使得土壤通气不良，可加剧土壤中有害物质的积累，影响根系生长和吸收能力，严重时出现黑根、烂根。

对于土质黏重田块，或高肥田块，秧苗返青早的宜湿润灌溉；对于土质差的稻田，或中低肥力的稻田，要保持较长时间的浅水层；个别深脚、烂泥、冷浸田还可排水晾田或保持极薄水层。

(四) 分蘖末期

进入分蘖末期，为了抑制无效分蘖的发生，促进根系生长发育，巩固有效穗，为生殖生长打下基础，需要排水搁田。

(1) 搁田时期的确定。搁田时期的一般原则是"苗到不等时、时到不等苗"。这里所说的"时"，是指水稻分蘖末期到幼穗分化初期，这段时期对水分不甚敏感，但这段时期之后水稻对水的敏感性增强，过分控制水分可能会影响稻穗的分化。而所谓的"苗"，是指单位面积上的茎蘖数(包括主茎和分蘖)，一般在够苗期搁田，够苗期即田间总茎蘖数达到预定的穗数指标的时期。关于预定穗数指标(即适宜穗数)，可从当地高产田块中的众数中求得。例如，某一地区的一个优质高产新品种在大面积生产中种植，获得亩产 650 千克以上产量的有 12 块田，每亩有效穗18万穗的有1块田,19万穗的有2块田,21万穗的有3块田,而有6块田是20万穗,这个品种每亩有效穗数的众数就是20万穗,我们可以把20万穗作为该地区的这个品种预定每亩穗数指标。搁田时期比较科学的确定方法是根据水稻生育进程叶龄模式来判定。搁田时间因品种类型而异,通常从有效分蘖临界叶龄期前一个叶龄开始（$N-n-1$,其中,N 为品种总叶片数；n 为伸长节间数）到倒3叶期结束。研究表明,要控制某一叶位发生分蘖,必须在该叶位前1个叶龄期发生控蘖效应,在该叶位前2个叶龄期开始搁田,为此生产中通常要求在群体茎蘖苗数达到适宜穗数的70%~90%时搁田,这样既能保证穗数,又能有效地控制无效分蘖。

一般土壤肥力高、栽插密度大、品种分蘖力强、分蘖早、发苗足、苗势旺的田块,为了抑制无效分蘖的发生,搁田要相应提前；对于密度较大、分蘖早的抛秧田,搁田时间更要适当提前,这就是所说的"苗到不等时",这类苗要重搁。

对于某些肥力不足,分蘖生长缓慢,水稻群体不足,总苗数迟迟达不到预期穗数指标的,可适当推迟搁田。但为了不影响幼穗分化,到了（$N-n+1$）叶龄期,无论如何都要搁田,这就是说"时到不等苗",这类苗要适当轻搁。

(2)搁田的程度。在正常情况下,搁田以土壤出现3~5毫米细裂缝为复水标准。搁田使水稻无效分蘖显著减缓,植株形态上表现叶色褪淡落黄,叶片挺立,土壤达到沉实,田面露白根,复水后入田不陷脚,全田均匀一致。在生产中,可采取分次轻搁的搁田方法,即每次搁田时间约为0.5个叶龄期（即4~5天）,搁田后当0~5厘米土层的含水量达最大持水量的70%~80%时再复水。

搁田的轻重程度根据稻苗生长情况和土壤情况而定。稻田施肥足,秧苗长势旺,发苗快,叶色浓绿,叶片生长披垂的宜重搁；而长势差，叶色淡的要轻搁。一般搁到田中间泥土沉实，脚踩不陷，田边呈鸡爪裂缝，叶色稍为转淡为宜。通常地势高爽、沙质土要轻搁；地势低洼、黏质土要重搁。

(五) 拔节孕穗期

从水稻幼穗分化期到抽穗，特别是水稻的穗分化减数分裂期是生育过程中的需水临界期。这一时期稻株生长量迅速增大，它既是地上部生长最旺盛、生理需水最旺盛的时期，又是水稻一生中根系生长发展的高峰期。在此时期，既要有足够的灌水量满足稻株生长的需要，又要满足土壤通气对根系生长的需要。如果缺水干旱，极易造成颖花分化少而退化多，穗小、产量低。搁田要求在倒3叶末期结束，进入倒2叶期时必须复水，以保证幼穗正常分化发育对水分的需求，特别是在减数分裂期前后更不能缺水，否则将严重影响幼穗发育，造成颖花大量退化，粒数减少，结实率下降。

此期宜采用浅湿交替灌溉。具体的灌溉方法：保持田间经常处于无水层状态，即灌一次2～3厘米深的水，自然落干后不立即灌第二次水，而是让稻田土壤露出水面透气，待2～3天后再灌2～3厘米深的水，如此周而复始，形成浅水层与湿润交替的灌溉方式。剑叶露出以后，正是花粉母细胞减数分裂后期，此时田间应建立水层，并保持到抽穗前2～3天，然后再排水轻搁田，促使破口期"落黄"，以增加稻株的淀粉积累，促使抽穗整齐。

浅湿交替灌溉方式，能使土壤板实而不软浮，有利于防止水稻倒伏。这既满足了水稻生理需水的要求，同时又促进了根系的生长和代谢活力，增加了根系中细胞分裂素的合成，有利于大穗的形成。

(六) 抽穗开花期

抽穗开花期，水稻光合作用强，新陈代谢旺盛，此期也是水稻对水分反应敏感的时期，耗水量仅次于拔节孕穗期。如果缺水受旱，轻者延迟抽穗或抽穗不齐，严重时抽穗开花困难，包颈、白穗增多，结实率大幅度降低。此期田间土壤含水量一般应达饱和状态，通常以建立薄水层为宜。

抽穗开花期间，当日最高温度达到35℃时，就会影响稻花的授粉和受精，降低结实率和粒重。遇上寒露风的天气，也会使空粒增多，粒重降低。为抵御高温干旱或是低温等逆境气候的伤害，应适当加深灌溉水层（水层可加深到4～5厘米），最好同时采用喷灌。

（七）乳熟期

抽穗开花后，籽粒开始灌浆，这一时期是水稻净光合生产率最高的时期，同时水稻根系活力开始下降，争取粒重和防止叶片、根系早衰，成为这个时期的主要矛盾。这时既要保证土壤有很高的湿度，以保证水稻正常生理需水，又要注意使土壤通气，以便保持根系活力和维持上部功能叶的寿命。一般以浅湿交替灌溉的方式，即采用灌溉→落干→再灌溉→再落干的方法。

（八）黄熟期

水稻抽穗20～25天之后穗梢黄色下沉，即进入黄熟期。黄熟期水稻的耗水量已急剧下降，为了保证籽粒饱满，要采用干湿交替灌溉方式，并减少灌溉次数。收割前7天左右排水落干。

第二节　晒田的作用及其技术要点

一、晒田的生理生态作用

（1）改变土壤的理化性质，更新土壤环境，促进生长中心从蘖向穗的顺序转移,对培育大穗十分有利。

(2)调整植株长相,促进根系发育,促进无效分蘖死亡,叶和节间变短,秆壁变厚,植株抗倒力增强;促进根系下扎,白根增多,根系活动范围扩大,根系活力增加。在高产栽培中,当全田总苗数达到一定程度时,采取排水晒田,以提高分蘖成穗率,增加穗粒数和结实率。

二、晒田技术要点

(一)晒田原则

坚持"苗够不等时、时到不等苗"的原则。"苗到不等时"是指够苗就要晒田,不必等到水稻生长发育达到一定时期才晒。杂交水稻由于分蘖能力较强,刚开始晒田时仍然能够继续分蘖,晒田时间应适当提前,在总茎蘖数达到计划苗数八成时即开始晒田。"时到不等苗"是指水稻一旦进入分蘖末期至幼穗分化始期,即使每亩总茎蘖数尚未达到预定目标,也要及时排水晒田。

(二)晒田时间

晒田时间的长短要因天气而定,如晒田期间气温高、空气湿度小,晒田的天数应少些;如气温低、湿度大的阴雨天气,则晒田天数应多些。此外,晒田还要根据水源条件和灌区渠系配套情况而定,应避免晒田后灌水不及时而发生干旱,影响水稻正常生长。

(三)晒田程度

在晒田程度上,要看田、看苗、看天气灵活掌握。一般叶色浓绿、生长旺盛的肥田,以及低洼冷浸烂泥田要重晒;叶色青绿、长势一般、施肥不多的瘦田,以及灌水困难的旱田要轻晒;保水性能差的沙土田、胶泥田以及"望天田"不宜晒田。晒田时间一般控制在 5~7 天，以晒至田面出现鸡爪裂纹、秧苗叶色转淡、叶片挺直如剑、进田站立不陷脚、新根现田面、老根往下扎为宜。

（四）晒后管理

晒田后要及时复水，同时根据苗情长势每亩追施尿素 2~3 千克作为拔节孕穗肥，直到抽穗前不再断水，做到水肥充足，以促进水稻孕穗拔节，这样才能保证水稻稳产、高产。

水稻的产量形成

水稻产量是由单位面积穗数、每穗总粒数、结实率和粒重等因素构成的。水稻产量各构成因素是在水稻生育过程中按一定顺序在不同时期形成的。其中，秧田期是奠定水稻高产的基础时期。秧苗素质的好坏，在相当程度上决定了移（抛）栽水稻栽插后半个月内秧苗的发根能力、叶片功能、分蘖发生的快慢与性状等。分蘖期是决定穗数的关键时期。穗数的多少，取决于栽插（抛栽）的基本苗数和单株分蘖成穗率。群体质量栽培的核心就是要在保证一定穗数的前提下提高成穗率，以培育足够数量的壮秆大蘖，搭好丰产架子。长穗期是决定每穗粒数的时期，每穗的结实粒数是由分化的颖花数和退化颖花数之差决定的。结实期是决定粒重的重要时期，同时也影响结实率的高低。因此，灌浆结实期要尽可能保持一个高光合生产力的绿色群体。

第三节　水稻的节水灌溉

水稻是我国耗水量最大的灌溉作物之一。采用节水灌溉技术对水稻进行灌溉，不仅有利于节约灌溉用水，也有利于缓解农业用水供需矛盾。目前，水稻节水灌溉的主要技术要点包括：建立健全并完善稻田灌溉渠系，实行计划供水用水；耕作过程中进行旱犁、旱整，回水后尽快水耕、水耙，把好整地质量关，同时糊好田埂；实行湿润或浅水灌溉，对水源不足的稻田要浅灌深蓄，或早蓄晚灌，或上蓄下灌；根据水稻各生育期的生理生态需水实施计划供水；选用耐旱性强的品种，实行旱育秧，培育耐旱带蘖壮秧；采用高成穗率的施肥技术和其他配套技术。

模块六 水稻的田间管理

第一节 苗期的生产管理

一、生育特点及水肥管理

（一）生育特点

水稻幼苗期是指从种子萌动开始到拔秧苗这段时期，包括芽期、幼苗期与成苗期。芽期是指从播种到第一完全叶展开之前；幼苗期是指 1 叶展开至 3 叶期；成苗期是指 3 叶期至移栽。

生长发育特点：发芽的种子播种后，地上部首先长出白色、圆筒状的芽鞘，随后从鞘叶中抽出不完全叶，因其含有叶绿素，称为"现青"。现青后，依次长出第一、第二、第三完全叶等，当第四完全叶抽出时，第一完全叶腋芽就可能长出分蘖。现青时，种子根已下扎入土，当第一完全叶刚抽出时，芽鞘节上开始长出 2 条不定根，在第一完全叶继续抽出的过程中，在芽鞘节上又可以长出 3 条不定根。芽鞘节上不定根能否全部发生，与环境条件好坏关系很大。在温度适宜、土壤肥沃、播种深度适宜的条件下，5 条根大多能全部发生，且生长良好。从第二叶抽出期至第三叶抽出初期，幼苗无新的不定根发生。因此，芽鞘节上的不定根生长的好坏，不仅影响到幼苗扎根立苗，也对离乳期前后的养分吸收有重要影响。

第三叶抽出时，胚乳养分基本耗尽，进入离乳期。离乳期后，第三叶抽出期，不完全叶节发根；第四叶抽出期，第一叶节发根，该节的分蘖也可能同时抽出，以后各节位的出叶、发根和分蘖的关系大体如此（图6-1）。随着秧苗生育的进展，叶片的长度一片比一片大，各节的发根数和根粗也不断增加。

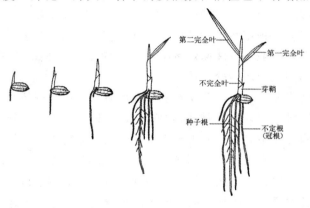

图6-1 水稻幼苗期生长发育示意

离乳期是秧苗生理上的一个重要转折点。在此之前，幼苗的生长主要依靠胚乳储藏的养分，此后，则依靠秧苗自身的根系吸收土壤中的无机营养、水分和由叶制造的养分。因此，秧苗期的秧田培肥及科学的肥水管理，对于培育壮苗具有重要意义。

（二）水肥管理

在离乳前，幼苗生长所需的氮源主要来源于糙米，糙米的含氮率一般不超过1.68%，比幼苗3‰～55‰的含氮率低得多。因此，幼苗的生长必须依靠外界氮素供应。幼苗期土壤供应充足，幼苗吸入的氮素较多，胚乳消耗加快，幼苗的生长加速，生长健旺。在施肥方法上，应重视秧田早期的氮素供应，

"现青"后追施苗肥，1叶1心期追施断奶肥，一般每亩施尿素3~5千克或硫酸铵6~10千克，或腐熟的人畜粪尿300~500千克，不可随意加大施用量，以免发生烧苗现象。

"送嫁肥"又称为"起身肥"，主要作用是使秧苗茎基部有一定含氮量，促进根原基的发生和新老根交替，利于移栽本田后新根发生，使秧苗返青快，分蘖早。"送嫁肥"通常在移栽前3~5天，少于3天则秧苗难以吸收肥料；超过7天，则秧苗吸肥过多，秧苗嫩绿，插后容易"败苗"。"送嫁肥"通常施用速效氮肥，一般每亩施速效氮肥5~8千克，也可换硫酸铵10千克，但不能施用碳酸氢铵，以防烧苗。

在水分管理上，芽期对氧气反应敏感，供氧好坏是影响立苗的关键，所以播后秧板不宜上水，只保持土壤充分湿润即可，保证充足氧气。如出现霜冻、暴风雨等特殊天气，应暂时灌水护芽，风雨过后再排水晒芽；秧苗期的根系组织尚未健全，应采取露田与浅灌相结合的管水方法，成苗期苗体内通气组织已发育健全，根部氧气的供应可以由地上部向下运动，应保持秧田有水层。

二、秧田培肥与材料准备

（一）秧田培肥

1. 秧田准备

秧田应选择在选排灌方便、土质松软、肥力较高、杂草少、靠近大田与无病源的田块。秧田面积根据大田面积、栽插与育秧方式确定。一般湿润育秧秧田与大田比为1:(7~10)；旱育秧秧田与大田比为1:(15~20)；抛秧秧田与大田比为1:(30~40)；机插秧秧田与大田比为1:(80~100)。

模块六 水稻的田间管理

2. 秧田培肥

(1)湿润育秧。一般在播种前10～15天结合整地作畦,每亩秧田施用腐熟优质厩肥或人粪尿800～1000千克,或施用硫酸铵或碳铵15千克,基肥每亩施过磷酸钙30千克、氯化钾10千克,在整畦前施下。

(2)旱育秧。采取"三段"培肥法,即冬季培肥、春季培肥和播前培肥。冬季耕前每亩施粉碎的秸秆或家畜粪1500～2000千克,旋耕机旋耙2～3遍,耕翻20厘米左右,使肥土混合均匀;春季在播种前45天左右施用腐熟有机肥2000～3000千克,旋耕机旋耙或人工深翻2～3遍;播前20～25天每亩施尿素100千克,普通过磷酸钙100千克、氯化钾30千克。有条件的地方可每亩施秧田专用肥150～200千克,尿素30～50千克。施肥后浅旋或耕耙3遍以上,使肥料和床土充分混合,均匀分布在0～15厘米土层内,防止肥粒烧芽,然后可根据田块的布局进行整地、作畦。

(3)抛秧。采用"两段"培肥法,即春季结合耕翻晒垡,每亩秧田施腐熟人畜粪3000千克;播种前20天,每亩秧田施尿素、45%BB肥各30千克(若春季未进行有机肥培肥,加施腐熟人畜粪2000千克),施后及时耕翻,达到全层均匀施肥。

(4)机插秧。提倡在冬季完成取土,取土前一般要对取土地块施肥,每亩施腐熟人畜粪2000千克(禁用草木灰),以及25%氮、磷、钾复合肥60～70千克;或硫酸铵30千克、过磷酸钙千克、氯化钾5千克。提倡用壮秧剂代替无机肥,在床土加工过筛时每100千克细土均拌0.5～0.8千克壮秧剂(机插秧专用)。对于肥沃疏松的菜园土,过筛后可直接用作床土。机插秧床土也可利用专用基质培育壮秧。

(二)材料准备

1. 湿润育秧

每亩大田备 2 米宽、40 米长薄膜,竹竿 20 根。

2. 旱育秧

每亩大田备 50 克壮秧剂,2 米宽、20 米长薄膜(或无纺布),竹竿 10 根。

3. 塑料软盘抛秧育秧

每亩大田备 451 或 434 塑料软盘 50~55 张,壮秧剂 750 克,2 米宽、8 米长无纺布,麦草 1.2 千克,细竹竿 20 根。

4. 机插塑盘育秧

每亩大田备塑料软盘或塑料硬盘 25~28 张,育秧营养土 100 千克及未培肥细土 20 千克或育秧基质 40~50 千克,2 米宽、4 米长无纺布,麦草 1.2 千克,细竹竿 10 根。

5. 双膜育秧

每亩大田备 1.5 米宽地膜和 2 米宽盖膜各 4 米长,打孔器、桶、秧刀架和秧刀各 1 个,4 米×1.2 米×2 厘米的木质框架,木制泥抹子(70 厘米×20 厘米×1.5 厘米)2 个,拉绳 2 根,长 2.2 米竹弓 10 根。

三、育秧方式与适期播种

(一)育秧方式

育秧方式主要有露地湿润育秧、地膜(薄膜)保温育秧、旱育秧、机插塑盘育秧等(见图 6-2)。

模块六 水稻的田间管理

图 6-2 水稻育秧方式
A. 露地湿润育秧 B. 地膜保温育秧 C. 旱育秧 D. 机插塑盘营养土育秧

1. 露地湿润育秧

露地湿润育秧又称为半旱秧田育秧。技术要点包括秧田准备、整地作厢、施足底肥、稀落谷、秧田管理等环节。

2. 地膜（薄膜）保温育秧

在湿润秧田的基础上，利用地（薄）膜覆盖保温增温，可适期早播，防止烂秧，提高成秧率。技术要点包括整地作厢、施足底肥、稀落谷、覆膜保温、秧田管理等环节。

3. 旱育秧

旱育秧苗期耐寒，有利于早播、早熟、根系发达，秧苗素质好,移栽后早生快发,成穗率高,可以培育出适宜机插、手插、抛秧等不同栽培方式的秧苗。主要技术包括苗床地选择、床土培肥、苗床调酸与苗床施肥、苗床整地消毒、苗床管理等环节。

4. 机插塑盘营养土(基质)育秧

水稻机插栽培是采用钵体育苗盘育出根部带有营养土块的、易于机插的一种栽培法。育秧技术流程为床土(基质)准备、秧田准备、材料准备、种子准备、铺盘、播种、盖土、覆土(基质)、封膜(无纺布)盖草、秧田管理等。

(二)适期播种

1. 播种期

早播应满足水稻种子萌发和秧苗移栽成活的最低温度要求,在田间变温条件下,日平均气温稳定在10℃以上,是粳稻的早限播种期,日平均气温稳定在12℃以上,是籼稻的早限播种期。迟播一定要保证水稻在安全抽穗期内抽穗,粳稻、籼稻、籼型杂交稻的安全齐穗期是秋季日平均气温稳定通过20℃、22℃、23℃的终日。这样就可根据使用品种的生育期长短推断其播种期。

播种期应与当地种植制度相适宜,一年只种一季水稻的,播种期不受前作限制,只要日平均气温达到要求便可播种;一年二熟或三熟地区,稻田前作的收获期限制播种期。播种过早,秧龄过长,会提早抽穗而减产;插种过迟,生育期短,产量低,还影响后季作物栽培。

晚熟品种抽穗期相对稳定,播种适期范围较宽。早熟品种生育期短,选用适宜的耕作栽培方式适当早播,有利于高产。而迟播则使其生长期缩短,减产显著,因而播种范围较窄。

模块六 水稻的田间管理

2. 播种

播种量的多少对秧苗素质影响较大,随着秧龄的延长秧苗个体受抑制程度越来越大,所以确定适宜播种量是培育壮秧的关键措施。适宜播种量的标准,以掌握移栽前不出现秧苗个体因光照不足而影响个体生长为原则。播种量与育秧季节温度高低有关,温度高要少播,温度低可适当多播,常规稻播种量大于杂交稻。

(三)秧苗类型及秧田管理

1. 秧苗类型

(1)小苗。一般指3叶期内带土移栽的秧苗,多在密播、保温育秧床上培育,广泛用于抢早移栽、机插与抛秧。

(2)中苗。一般指3.0~4.5叶内移栽的秧苗,也多用于抢早移栽、机插和抛秧。

(3)大苗。一般指4.5~6.5叶内移栽的秧苗,广泛用于一季中稻。

(4)多蘖壮秧。一般指6.5~9.0叶内移栽的秧苗,多用于迟茬一季中稻。

2. 秧田管理

A. 露地湿润育秧的秧田管理

(1)芽期。从播种到第一完全叶展开前。此时秧苗耐低温能力强,对氧气反应敏感,所以播后秧板不宜上水,只保持土壤充分湿润,保证充足氧气。如出现气温低、大雨等特殊天气,应灌水护芽,风雨过后再排水晒芽。

(2)幼苗期。1叶展开至3叶期。此时秧苗通气组织尚未健全,根系生长所需氧气主要依靠空气直接供应,故应露田与浅灌相结合,以2叶期前露田为主,2叶后浅灌为主。秧苗遇寒潮低温,应灌深水护苗,低温过后逐步排浅水层。断奶肥应提早到 1 叶 1 心期施用为宜,及时补充氮源。

(3)成苗期。3 叶期以后至移栽。秧苗体内通气组织已发育健全,根部氧的供应可以由地上部向下运行,应保持秧田有水层,利于秧苗吸水、吸肥。因此在 3 叶期,稀播大秧应浅水灌溉,不断水;带土秧要保持湿润,不留水层,以水控苗,防止徒长。4~5 叶时,应施一次接力肥,同时可根据苗情喷施多效唑,防止徒长。以后视苗情酌量补施 1~2 次肥。一般移栽前 3~5 天,在叶色褪淡的基础上每亩施尿素 2~3 千克作"送嫁肥"。

B. 地膜(薄膜)保温育秧的秧田管理

(1)密封期。播种至 1 叶 1 心,要密封保温,创造一个高温高湿环境,促使芽谷迅速扎根立苗。膜内适宜温度为 30~35℃,超过 35℃则两端暂时揭膜通风降温。密封期只在沟中灌水,水不上秧板。

(2)炼苗期。从 1 叶 1 心至 2 叶 1 心为炼苗期,膜内适宜温度为 25~30℃,温度过高要通风炼苗,防止秧苗徒长。一般晴天上午膜内温度接近适宜温度,气温在 15℃以上,便可逐日扩大通风面积,逐日延长通风时间,使秧苗逐渐适应外界条件。通风时要先灌水上秧板,避免水分失去平衡而死苗,下午气温转低时重新盖膜保温。

(3)揭膜期。3 叶期以后,当日平均温度稳定在 15℃左右,最低气温在 10℃以上时,便可揭膜。一般选择气温较高的阴天或晴天上午将膜完全揭去,揭膜前先灌深水,揭膜后即按一般湿润秧田的技术措施进行管理。

C. 旱育秧的秧田管理

(1)温度管理。在播种至齐苗阶段,应保温保湿,促进齐苗。一般来说,温度低于 35℃不要揭膜,高于 35℃应两头通风降温,以防烧芽,15:00 时以后要及时盖膜。齐苗至 1.5 叶时，应开始降温炼苗，晴天的 10：00～15：00 时揭开部分膜，保持膜内温度 25℃ 左右，15：00 时以后要盖膜。1.5～2.5 叶，是控温炼苗的关键时期，也是生理性立枯病和青枯病的危险期，要经常揭膜通风，晴天可于 9：00～16：00 时揭膜，使床土干燥；阴天可开口通风，膜内温度保持在 25℃ 左右。

(2) 水分管理。播种至现针前，以保温、保湿为主；现针后，严格控水，促进根系下扎，早上揭膜，傍晚盖膜，进行炼苗；2 叶期即可揭膜。一般晴天下午揭，阴天上午揭，雨天雨后揭；此时若遇低温寒潮，则延长盖膜时间，待寒潮过后再揭膜。揭膜后，若秧苗发生立枯病，发病区每平方米苗床再增施 50 克壮秧剂（叶面无水珠时均匀撒施）或用 70% 敌磺钠 1.5～2 克兑水 1 千克拌细土撒施，浇一次透水，可有效防治病害；如出现脱肥，每平方米秧床可用硫酸铵或硝酸铵 20～30 克，兑成 10% 溶液喷施，施后清水洗苗。

揭膜至移栽前的水分管理：一般在出现秧苗叶片早晚无水珠、早晚床土干燥或午间叶片打卷时，选择傍晚或上午喷浇水一次，以 3 厘米表土浇湿为宜，但对土壤不太肥沃、较板结的秧床，以每次浇透水为好。只有严格控制苗期水分，才能增强本田期的生长优势。遇低温、下雨天气，要及时盖膜护苗并防水，以免土壤湿度过大，秧苗徒长，降低秧苗质量。同时，注意防治立枯病和稻瘟病。

(3) 肥料管理。旱育秧在苗床期一般不必施肥，尤其是使用壮秧剂后，肥效一般可维持到 4 叶期。如果苗床培肥不够，中后期表现脱肥，可结合洒水补施提苗肥。用 2% 的硫酸铵液喷施，每平方米 100～200 克，施肥后喷清水洗苗，以防烧苗。

(4) 防治病、虫、草、鼠害。旱育秧苗期病害主要是立枯病、黄（白）化病和恶苗病，要及时防治。

D. 抛秧的秧田管理

(1)齐苗揭膜。基本齐苗时(第一叶展开前后),早晨揭去稻草和地膜,同时灌揭膜水,速灌速排。

(2)水浆管理。根据叶片吐水情况或卷叶情况确定是否需要补水。一般情况下,秧苗不发生卷叶就不需要补水,1~3叶期晴天早晨叶尖露水少要即时补水,或晴天一旦发生卷叶随即补水,3叶期后秧苗发生卷叶到第二天早晨尚未完全展开再补水,采取灌跑马水或浇水的方式。秧田后期如遇连续阴雨,须及时排水降渍,防止秧苗窜高;如遇连续干旱,须在抛栽前1天补浇送嫁水(不宜灌水,否则起盘困难,易损坏秧盘),以免根球松散影响抛栽。

(3)化学调控。2叶1心期每50张秧盘喷多效唑4克或矮苗壮8克(喷施时,若叶龄较大或抛栽延迟秧龄较长,则需适当增加用量)。

(4)防病治虫。揭膜后每隔2~3天,用药防治灰飞虱一次,每亩用48%毒死蜱乳油80毫升,或24%吡虫·异丙威可湿性粉剂60克,以上药剂兑水40~50千克,于傍晚前对准秧苗均匀喷雾,以减轻条纹叶枯病为害,抛栽时还需带药下田。

E. 机插秧的秧田管理

(1)适时揭膜(布)炼苗。盖膜(布)时间不宜过长,揭膜(布)时间因当时气温而定。一般在秧苗出土2厘米左右、不完全叶至第一叶抽出时(播后3~5天)揭膜炼苗。若覆盖时间过长,遇烈日高温容易灼伤幼苗。揭膜(布)时掌握晴天傍晚揭、阴天上午揭、小雨雨前揭、大雨雨后揭。

(2)科学管水。科学管水分水管和旱管两种。水管应在揭膜前保持盘面(畦面)不发白,缺水补水;揭膜后到2叶前建立平沟水;2~3叶灌跑马水,前水不干后水不进,以利于秧苗盘根。忌长期深水。移栽前3~5天控水。旱管应在揭膜时灌一次水，浸透床土后排干(也可喷洒补水)。以后要确保雨天田间无积水。若秧苗中午出现卷叶，可在傍晚或次日清晨人工喷洒一次，使土壤湿润即可。坚持不卷叶不补水，保持旱育优势。

(3)看苗施肥。床土培肥的可不施断奶肥，未培肥及苗瘦的秧苗于1叶1心期建立浅水层后施断奶肥，每亩用尿素5千克，兑水500千克，于傍晚秧苗叶片吐水时浇施；在栽插前2~3天施好送嫁肥，每亩撒施尿素5千克，施后用少量清水淋洒一遍。

(4)防病治虫。防好灰飞虱、稻蓟马、螟虫等。揭膜后及时选择相应药剂喷雾防治灰飞虱，选用药剂有吡蚜酮、毒死蜱、吡虫啉等。移栽前2~3天，所有秧田要用一次药，做到带药下田、一药兼治。

四、培育壮秧与合理移栽

(一)壮秧标准

1. 壮秧的意义

在南方稻区，水稻秧田期占全生育期的 $1/4 \sim 1/3$，营养生长期有 $1/2 \sim 2/3$ 在秧田期度过，秧苗好坏对产量影响很大。从生产实践上看，壮秧移栽后返青快、起发早、生长整齐，则容易形成大穗，易高产。从秧苗生理上看，壮秧体内营养物质积累多，生长锥粗大，根、茎、蘖原基分化数量多，质量好；大维管束数目多，水分、养分输导能力强，移栽大田后，抗逆性和各器官出生的数量和生理功能都比弱秧好，一次枝梗和每穗粒数增加明显，因而比弱秧增产(见图6-3)。

图 6-3　水稻健壮秧苗形态特征

2. 壮秧的标准

壮秧的标准有形态特征和生理特性两个方面。从个体形态来看，要求茎基粗扁、叶挺色绿、根多色白、植株矮健。其中，茎基粗扁是评价壮秧的重要指标，俗称壮秧为"扁蒲秧"。茎基较宽的秧苗，其体内维管束数目较多。从群体看，要求较高的成秧率（80%以上）与整齐度（脚秧率低于10%），使秧苗移栽本田后生长整齐。从壮秧的生理特性来看，光合能力强，碳氮比（碳/氮）适中，中苗 7~9，大苗 11~14，束缚水含量高，移栽后发根力和抗逆性强。育秧方式与秧龄不同，壮秧标准有差别。

（1）肥床旱育壮秧。秧龄 30~35 天，叶龄 5.0~7.0 叶，苗高 20~25 厘米，单株绿叶数 5.0 个以上，分蘖率 80%以上，单株分蘖数不少于 2 个，茎基粗 10 毫米以上，叶色青绿，生长均匀一致，叶片无病虫为害。

（2）旱育抛秧壮秧。秧龄 25~30 天，叶龄 5.0~6.0 叶，苗高 15~20 厘米，单株绿叶数 4.0~5.0，分蘖率 80%，单株分蘖数 0.6 个以上，叶色青绿，单株白根数 12~15 条，单株发根力 5~10 条，叶片无病虫为害。

（3）机插壮秧。秧龄 15~18 天，苗高 12~15 厘米，叶龄

模块六 水稻的田间管理

2.5～3.5 叶，第一叶叶鞘长 4 厘米以下，单株白根数 7～9 条，盘根厚度 2.5～3.5 厘米，卷用方便，叶色正常。

（二）插秧技术

适时早插能充分利用生长季节，延长本田营养生长期，促进早生早发、早熟高产。一般以日平均气温稳定通过 15℃ 以上作为早插适期。早中熟品种宜于早插，晚熟品种早插不能早熟，对全年均衡生产不利。在适期早插的基础上，插秧要做到浅、匀、直、稳，栽插深度一般不超过 3 厘米。不同栽培方式对栽插质量要求如下。

（1）人工栽插。做到浅栽、减轻植伤、插直、插匀。浅插的深度以不倒为原则，深不过寸[①]；不插隔夜秧，宜插混水栽秧，不栽"顺风秧"、"烟斗秧"、"拳头秧"；栽插时防止小苗插大棵、大苗插小棵，确保每穴苗数均匀一致，行距、株距大小均匀一致；栽后适当保持深水，减少叶面蒸腾。

（2）机械插秧。起秧运秧时确保秧块完整无伤，装秧时秧块与秧箱配套，不宽不窄，不重不缺，以免漏插；大田整地要做到田平、泥软、肥匀，整地后要沉淀 1～3 天才可机插，防止深插。机插水深应在 1～2 厘米。水田泥脚深度应小于 40 厘米。大田前作留茬不宜过多，施用腐熟的有机肥，撒肥要均匀。栽插时强调农机农艺融合，严防漂秧、伤秧、重插、漏插。

（3）抛秧。在施足基肥的基础上，创造一个田面平整干净、土层上糊下松、水层较浅的大田环境。根据当地气候、土质、秧龄、前作腾茬时间等条件确定适宜抛栽期。依品种、秧龄、地力等确定适宜抛栽密度，抛栽时应选择晴朗无风的天气，尽量抛高抛匀，抛栽后作适当整理，匀密补稀，清理出作业空行。

---

① 寸为非法定计量单位。1 寸≈0.033 米。

第二节 分蘖拔节期的生产管理

一、生育特点及水肥管理目标

(一) 生育特点

1. 水稻的生育特点

水稻分蘖拔节是进行分蘖、拔节与完成幼穗分化的重要时期。分蘖期主要以营养生长为主,是进行分蘖、决定穗数的关键时期,也是为大穗、多穗和最后丰产奠定基础的时期;拔节长穗期,一方面要以茎秆生长为中心,完成最后几张叶片和根系等营养器官的生长;另一方面进行以穗分化为中心的生殖生长。此时既是保蘖、增穗的重要时期,又是增花增粒、保花保粒的关键时期,也是为灌浆结实奠定基础的时期。分蘖拔节期的管理目标是:促进水稻分蘖早生快发,争多穗,培育壮蘖,促进壮秆,争大穗,防止徒长和倒伏。

A. 分蘖的生长

水稻移栽后,稻株分蘖节上各叶的腋芽(分蘖芽)在适宜条件下就会生长形成分蘖,从主茎上长出的分蘖称为第一次分蘖,从第一次分蘖上长出的分蘖称第二次分蘖,生育期长的品种可能有第三、第四次分蘖。分蘖在母茎上所处的叶位称为分蘖位,分蘖叶位数多的品种分蘖期长,其生育期一般也较长。一般情况下,籼稻分蘖发生率较高,粳稻较低;同为籼或粳稻,也有强弱之分。

分蘖必须有3片以上叶才有较高的成穗可能性。在分蘖期每长1片叶需5~6天,3片叶合计需15~18天,一般在拔节以前、15天以上的分蘖,其有效的可能性较大。生产上将这部分具有一定量的根系且以后能抽穗结实的分蘖，称为有效分蘖；而出生较迟的分蘖，以后不能抽穗结实或渐渐死亡，称为无效分蘖。分蘖前期产生有效分蘖，这一时期称为有效分蘖期；分蘖后期所产生的是无效分蘖，称为无效分蘖期。有效分蘖临界叶龄期一般为该品种的主茎总叶片数减去伸长节间数的叶龄期。此期是控制大田群体的关键时期之一，主要诊断指标是群体总茎蘖数。这时高产的适宜茎蘖数称为预期穗数。如茎蘖数不足，应追肥促蘖；如茎蘖数超过预期穗数，应及时早晒田抑制。

B. 影响分蘖的因素

（1）秧苗营养状况。尤其是氮素营养起主导作用。秧田期由于播种较密，养分、光照不足，基部节上的分蘖芽大都处于休眠状态。拔节以后生长中心转移，上部节上的分蘖芽也都潜伏而不发，所以，一般只有中位节上的分蘖节可以发育，但还和其他因素有关系。

（2）温度。分蘖生长最适宜温度为 30～32℃，低于 20℃ 或高于 37℃ 对分蘖生长不利，16℃ 以下分蘖停止生长发育。

（3）光照。在自然光照下，返青后 3 天开始分蘖，给自然光照的 50% 时，13 天开始分蘖，当光照度降至自然光照度的 5% 时，分蘖不发生，主茎也会死亡。

（4）水分。分蘖发生时需要充足的水分。缺水或水分不足时，植株生理功能减退，分蘖养分供应不足，常会干枯致死。这就是"黄秧搁一搁，到老不发作"的原因。

此外，分蘖还和品种特性有关，不同品种分蘖力有差别。本田分蘖的发生，经历由慢到快、再由快到慢的过程。当全田有 10% 的苗分蘖出现时，称为分蘖始期；分蘖增加最快时，称为分蘖盛期；全田总茎数和最后穗数相等时，称为有效分蘖终止期，以后称为无效分蘖期；全田分蘖数最多时，称为最高分蘖期。

C. 茎的生长

稻株的叶、分蘖和不定根都是由茎上长出来的，茎有支持、输导和储藏的功能。稻茎一般中空呈圆筒形，着生叶的部位是节，上下两节之间为节间。稻茎由节和节间两部分组成。稻茎基部的节间不伸长，各节密集，节上发生根和分蘖，习惯上称为分蘖节或根节。茎上部有若干伸长的节间形成茎秆。稻株主茎的总节数和伸长节间数，因品种和栽培条件有较大变化，一般具有9～20个节和4～7个伸长节间。生育期短的品种，总节数和伸长节间数也少。节间伸长初期是节间基部的分生组织细胞增殖与纵向伸长引起的，生产上称为拔节。节间的伸长先从下部节间开始，顺序向上，但在同一时期中，有3个节间在同时伸长，一般基部茎间伸长末期正是第二节间伸长盛期、第三节间伸长初期。水稻基部节间伸长1～2厘米时称为拔节期，也称为生理学拔节期，其拔节叶龄期为伸长节间数减2的倒数叶龄期。拔节始期如总茎蘖数不足、叶色淡，则群体穗数不足，应酌情施用促蘖促花肥。如总茎蘖数偏多、叶色深，应偏重晒田，以抑制茎叶生长，促进根系下扎，防止后期倒伏。

D. 穗的发育

稻穗为复总状花序，由穗轴、一次枝梗、二次枝梗、小穗梗和小穗组成（图6-4）。从穗颈节到穗顶端退化生长点是穗轴，穗轴上一般有8～15个穗节，穗颈节是最下一个穗节，退化的穗顶生长点处是最上的一个穗节，每个穗节上着生一个枝梗。直接着生在穗节上的枝梗，称为一次枝梗；由一次枝梗上再分出的枝梗，称为二次枝梗。每个一次枝梗上直接着生4～7个小穗梗，每个二次枝梗上着生2～4个小穗梗，小穗梗的末端着生一个小穗。每个小穗分化3朵颖花，其中2朵在发育过程中退化,因此每个小穗只有1朵正常颖花。

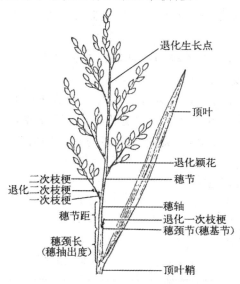

图6-4 稻穗

E. 影响稻穗分化的因素

稻穗分化的情况首先取决于稻穗分化前稻株生长量的大小和生理状态。稻株生长健旺、碳氮代谢协调是形成大穗的基础。穗分化期的环境条件和稻穗分化也有十分密切的关系。

(1)土壤营养。氮素对穗分化发育影响最大。在雌雄蕊分化之前追肥,能明显增加分化颖花数,其中以苞分化前后施肥作用最大,多的能增加颖花数40%左右;穗分化期施用钾肥能提高稻株光合效率。

(2)温度。稻穗分化的最适宜温度为30℃,在较低的温度下(粳稻日平均温度19℃,籼稻日平均温度21℃),能使枝梗和颖花分化延长2~3倍,是增加稻穗颖花数促成大穗的途径之一。但温度过低会影响穗的发育,特别是在减数分蘖后1~

1.5 天的小孢子初期对低温的反应最敏感。日最低温度 15～17℃对花粉发育有一定影响,日最低温度低于 13～15℃影响严重。

(3)光照度。光照度与稻穗的发育关系密切,日照越充足对稻穗分化发育越有利。

(4)土壤水分。在减数分蘖期前后,稻株对土壤水分亏缺反应最敏感,受旱后颖花大量退化并产生不孕花,减产十分严重。因此,在以减数分裂期为中心的长穗期宜以浅水层灌溉为主。

(二)水肥管理

1. 水分管理

A. 活棵分蘖阶段

活棵分蘖阶段以浅水层(2～3 厘米)灌溉为主。但也要因移栽苗体大小不同而有所差异。

(1)中、大苗移栽的苗体较大,移入大田后需要水层护理,以满足生理和生态两方面对水分的需求,有利于调节田间适宜温、湿度,维持叶面蒸腾和水分平衡,防止萎蔫,减轻植伤,促进发根活棵。分蘖期秧苗吸氮以铵态氮为主,水层能促进土壤的铵化作用和分蘖生长。故从移栽后到分蘖期,应以浅水灌溉为主,利用两次灌水之间进行短时间落干通气。

(2)机插小苗的苗体较小,叶面蒸发量不大,带部分土移栽,移入大田后,保持土壤湿润即可满足生理需水的要求。保持土壤通气,促进秧苗尽快发根。南方稻区移栽后一般不宜建立水层,宜采用湿润灌溉的方式。阴天无水层,晴天灌薄水,1～2 天落干以后,再上薄水。待 1 个叶龄秧苗活棵后,断水轻搁田,田间保持湿润,进一步促进发根;待移栽后长出第二片叶时,苗体已较大,此时结合施分蘖肥开始建立浅水层,并

模块六 水稻的田间管理

维持到整个有效分蘖期。对于秸秆还田田块更应实施湿润灌溉。

（3）塑盘穴播带土移栽的小苗，发根力强，移栽时薄水；移栽后阴天可不上水，晴天灌薄水；2～3天即可断水落干，促进根系深扎；复水后浅水勤灌。

B. 控制无效分蘖的精确搁田技术

（1）精确确定搁田时间。必须在无效分蘖发生前2个叶龄，即有效分蘖临界叶龄期前1个叶龄（N－n－1）提早搁田，当群体苗数达到预期穗数80%左右时断水搁田。在灌排水条件不便的地方，尤其注意通过计划灌水的方法，达到自然落干搁田。

（2）搁田达标的形态指标。搁田以土壤的形态板实、有裂缝行走不陷脚为度；稻株形态以叶色落黄为主要指标。

2. 施肥管理

（1）早施分蘖肥。在分蘖始期，追施氮肥，使肥效反应在盛蘖叶位，满足水稻叶和分蘖的生长需要。机插秧分别在机插后5～7天、10～12天，每亩施尿素7.5千克、5千克；肥床旱育秧及抛秧，在栽后3～5天施10～12.5千克尿素。分蘖肥切不可过晚施用，否则易引起徒长倒伏。

（2）施好穗肥。水稻拔节长穗期施肥可分为促花肥和保花肥。促花肥在抽穗前30天左右（倒4叶）施用，保花肥在抽穗前15天左右（倒2叶）施用。追施促花肥和保花肥要看苗情而定，对于叶色正常褪淡、生长量适中的群体，穗肥于倒4叶和倒2叶期，分两次施用；对于叶色浅、落黄偏重、群体生长量小的群体，穗肥于倒5叶和倒3叶施，而且要适当增加用量；对于叶色较深不褪淡、生长量大的群体，穗肥于倒3叶期一次施用，且穗肥用量要适当减少。

二、稻田诊断与减灾栽培

(一)稻田诊断

水稻分蘖拔节期的自然灾害主要有涝害与旱害。

1. 涝害的症状诊断

涝害是因雨涝淹没稻苗(没顶)而造成的危害,其危害程度随着水稻生育期和淹没时间长短而不同。一般来说,淹没后,正在伸长的器官将异常地极度伸长,组织水分柔弱,长势非常衰弱;叶片由下向上发黄、坏死,未曾坏死的叶片则成暗绿色;根系活动停滞,或者丧失活力。水稻生长期长时间处于水涝状态而产生涝害,各生育期受害症状是不同的。

(1)芽期和苗期受淹。芽期受淹,芽鞘伸长到3厘米以上,不能扎根立苗;苗期受淹,秧苗瘦弱细长,脚叶呈黄绿色,水退后有不同程度的倒伏现象,但一般都能恢复生长。

(2)分蘖期和拔节期受淹。分蘖期受淹,稻株基部叶坏死,呈黄褐色或暗绿色,心叶略有弯曲,水退后有不同程度的歪倒现象,部分叶片干枯,但不致引起腐烂死亡;拔节期受淹,正在伸长的节间极度拔长,植株体内养分消耗殆尽,退水后茎秆细弱,植株弯曲、折断及倒伏,节间发生不定根。但水退后部分茎生长节间的长度反而比未曾受淹的稻株短。

(3)长穗期受淹。此时受淹穗的枝梗、颖花极易破坏,花药空瘪,不能结实,尤其以减数分裂期至孕穗期受淹最为严重。

2. 干旱的症状诊断

分蘖期干旱,新生叶片出叶周期长,主茎绿叶数少,根系的生长由横向与斜下方生长转向直下方伸长,节间变矮;拔节期受旱,分蘖减少并逐渐停止发生,严重时叶片卷缩萎蔫,穗数、粒数减少；孕穗期受旱，枝梗和颖花退化。

(二)减灾栽培

一是选用抗涝品种。二是在培育壮秧的基础上，栽插后精心管理，早施分蘖肥，促进早发壮苗，增强稻株抗涝能力。三是受涝后尽快抢排积水，并确定补救对策。对受淹水稻早排一天好一天，分蘖期淹水 6～10 天，地上部均腐烂，但生长点和分蘖节组织并未死亡，排水后新生叶和分蘖还能生长。与此同时，应鉴别稻株有无活力，先排粳稻，再排杂交稻；先排高田，再排低田，排空后注意防止立刻暴晒，以免造成失水枯萎。四是增施适量速效肥料，补充养分供应。可采取一追一补的方法，施肥以氮化肥为主，配以磷、钾肥。氮化肥宜用尿素，不适宜用碳酸氢铵，后期加大穗肥及粒肥的施用。五是加强水浆管理。排水后要尽快露田，使稻田逐渐沉实。六是苗期涝害后要尽快补苗，切忌人工扶苗。七是抓好后期病虫防治，特别是稻纵卷叶螟、稻飞虱、三化螟等的防治。

旱害水稻的补救措施。一是选用耐旱能力较强的品种。二是充分利用有效的灌溉动力与水利设施，全力投入救苗保苗工作。三是复水后追施肥料。7 月中旬复水的，可施用尿素 5～6 千克、三元复合肥 25 千克左右；8 月复水的，先施恢复生长肥，用量减少，以粒肥为主。四是加强病虫防治。除了稻纵卷叶螟、稻飞虱之外，还要重视三化螟、稻瘟病的防治。

第三节 抽穗扬花期的生产管理

一、生育特点及水肥管理

(一)生育特点

抽穗扬花期是指稻穗从穗顶端露出剑叶叶鞘到开花的这段

时间,包括抽穗、开花两个阶段。穗顶露出到全穗抽出需 5 天左右,穗顶端的颖花露出剑叶鞘的当天或之后 1~2 天开始开花,全穗开花过程需 5~7 天。

(二)水肥管理

1. 水分管理

水稻抽穗扬花期对水分反应十分敏感,如此时干旱,则水稻颖花退化十分突出,空秕粒增多,粒重降低。所以,抽穗扬花灌浆期间应实施水层灌溉,满足该时期的生理、生态需水要求,增强根系活力,提高群体中后期的光合生产积累能力,提高结实率和粒重。

2. 肥料施用

适当补施叶面肥,增加千粒重。从提高品质的角度考虑,不宜再撒施尿素等长效氮肥,而对于叶色落黄的田块,应在齐穗后喷施叶面肥,一般每公顷施用喷洒磷酸二氢钾 2~2.5 千克和尿素 4~5 千克,兑水 400 千克喷雾,以花期喷洒效果为好。或选用生物钾、金满利、惠满丰和植物生长调节剂等搭配施用,这样不仅对壮秆增产十分有效,而且对延长根系活力、保持活秆成熟、防止倒伏、提高品质等具有十分重要的作用。

杂交稻抽穗后根系活力下降,功能叶逐渐枯黄,容易脱肥引起叶片过早发黄枯死,稻株光合作用能力减弱。补施粒肥能防止功能叶早衰、提高结实率、增加千粒重。同时可适当喷施微量元素,浓度一般为 0.01%~0.1%。但粒肥不能过量,兑水量要足,以免溶液浓度过大烧苗。

二、稻田诊断与减灾栽培

(一)稻田诊断

1. 冷害诊断

孕穗期的冷害诊断,主要表现为花粉母细胞减数分裂期的障碍型冷害。籼稻日平均温度低于22~23℃,持续3天以上受害;籼型杂交稻日平均温度低于23℃,粳稻日平均温度低于19~20℃,最低温度低于15~17℃,持续3天以上,便为受害;开花期,籼稻的伤害低温指标为日平均温度不高于20~23℃,持续3天以上,最低温度不高于16℃;粳稻开花期一般晴天日平均温度不高于18℃,持续3天以上,阴天日平均温度不高于20℃,持续3天以上。研究表明,抽穗前的冷害主要表现为结实率下降(见图6-5)。主要原因是连续低温阻碍了花粉粒的正常发育和正常受精结实,形成大量空壳,造成成熟时穗头不弯的所谓"翘头穗"的现象,常使水稻大幅减产,甚至颗粒无收。

图6-5 抽穗扬花期低温冷害

2. 高温热害诊断

水稻长穗期遇到超过35℃以上的高温热害会出现白颖花、白穗、颖花数减少；开花期遇高温热害会出现颖花不育；灌浆成熟期遇高温热害会出现籽粒灌浆不良，形成瘪粒现象(见图6-6)。

图6-6 抽穗扬花期高温热害

水稻在抽穗开花1~2小时对高温最敏感，此时高温对不育的发生具有决定性影响。高温将阻碍花粉成熟与花药开裂，并影响花粉在柱头上萌发及花粉活力，抑制花粉管伸长，导致受精不良与不育，降低结实率，造成减产。

(二)减灾栽培

1. 冷害的减灾栽培

(1)日排夜灌。采取日排夜灌的方法，以水调温，改善田间小气候，防御低温，减轻冷害为害。阴天常换水，以调节稻田温度及补充水中氧气。抽穗始期，灌浅水。

(2)施肥减灾。若发生冷害可喷施化学药剂和肥料，如赤霉素、硼酸、萘乙酸、激动素、2,4-D、尿素、过磷酸钙和氯化钾等，对冷害均有一定防治效果。在水稻孕穗、灌浆期各喷施902水稻抗寒剂效果最佳。

2. 高温热害减灾栽培

(1) 日排夜灌。高温时早上灌深水,晚上排水。

(2) 施足穗肥。施足穗肥,后期补足氮肥,可在一定程度上增强植株的抗高温能力。

(3) 根外喷肥。叶面喷施3%的过磷酸钙或2%的磷酸二氢钾溶液,外加叶面营养液肥,可增强水稻植株对高温的抗性;对孕穗期受热害较轻的田块,于破口期前后施尿素30~45千克/公顷,可促进植株正常灌浆。

模块七　水稻机插秧栽培技术

第一节　水稻机插秧栽培概述

水稻是我国最主要的粮食作物，85%以上的稻米作为口粮消费，有60%的人口以稻米为主食。水稻在我国种植面积最大、单产最高、总产量最多，近几年来，水稻平均种植面积和总产量分别占粮食作物的28%和38%，水稻生产对保障我国粮食安全具有举足轻重的作用。

随着我国社会经济的发展、农业结构调整、农村劳动力转移和人口老龄化，以手工插秧为主的传统水稻种植技术已经不能适应当前我国水稻生产的需要。因此，亟须研究和发展水稻抛秧、直播、再生稻、机械插秧等节本、省工、高效的水稻种植方式。自20世纪80年代以来，水稻抛秧栽培和直播种植面积不断扩大，几十年来水稻机械插秧的面积不断扩大。从世界其他主要产稻国水稻种植技术发展历程看，水稻种植方式随着社会经济发展而发展，与社会经济水平相适应。美国、澳大利亚以及欧洲等主要产稻国家和地区由手工插秧发展为机械直播，而日本和韩国等国家则从手工插秧发展为机械插秧。

分析水稻种植方式的发展趋势，探讨我国水稻种植方式发展方向，实现水稻良种良法配套，对提高我国水稻产量具有重要意义。然而，自20世纪90年代末以来，随着我国社会经济的快速发展，水稻种植面积大幅下降，单产徘徊，总产波动。

模块七 水稻机插秧栽培技术

其原因之一是在我国社会经济发展到一定阶段，已有的传统的水稻种植方式已不能适应当前社会经济发展需要。传统水稻种植方式必须向现代水稻种植方式转变，才能促进水稻生产持续稳定发展。

我国水稻生产具有悠久的历史，水稻种植方式随着社会经济发展和科技进步不断演变。水稻直播是一种原始的水稻种植方式，从直播到育苗移栽技术是某一时期水稻生产技术的进步。早期的水稻移栽，解决了直播稻草害严重的问题和多熟制季节矛盾。

第二节 国外水稻种植方式概况

世界上发达国家水稻种植方式主要有机械直播和机械插秧两种。这两种机械化种植技术各有优势、特色和制约因子。机械直播作业效率高，节本省工，操作简便，但受水稻生长季节等因子制约；机械插秧能解决水稻生产季节与品种生育期的矛盾，植株抗倒伏性好，适应性较广，但对育秧环节技术要求较高。采用机械直播还是采用机械插秧与各国的水稻生产环境和经营方式密切相关。

目前，美国、澳大利亚等国家和欧洲地区的水稻种植方式以机械直播为主，因为这些国家和地区的稻农所占稻田面积大，且稻田相连成片、地势平坦，水稻品种多为粳型常规稻，种植制度为单季稻。杂草的控制是水稻机械直播技术成败的关键，而高效除草剂的应用为机械直播技术的推广提供了可能。在机械直播生产过程中，重点工作是要防止鸟类等危害种子、控制杂草和防止土壤返盐对出苗的影响。直播时多采用大型高速拖拉机或飞机撒种直播，根据需要间隔几年采用激光平整土地一次，播种时用种量很高，一般为200～220千克/公顷，种子成苗率很低,仅仅在30%左右。由于这种种植方式存在用水量和用种量大,成苗率低等问题,不符合当前中国水稻生产实际。

日本和韩国水稻种植方式则以机械化插秧为主,其水稻生产的主要特点是,水稻品种多为粳型常规稻,种植制度为单季稻。这两个国家由于水稻生长季节比较紧张,早期温度比较低,不宜采用机械直播技术。

日本从20世纪50年代开始研究水稻机械插秧。1967年研发成功带土小苗机械插秧及其配套育秧技术;1972年以后水稻机械插秧技术快速推广。插秧机结构的简化,不仅降低了插秧机的造价,也提高了水稻插秧机的工作效率和可靠性,使得日本的水稻机械插秧技术水平迅速提高。到20世纪70年代末,日本机械化插秧作业面积已占水稻种植面积的90%;80年代,日本基本形成了水稻机械插秧系列配套技术,机械插秧面积达到水稻种植面积的98%。

韩国在20世纪70年代后期,水稻种植仍以手工插秧为主。但随着社会经济的发展、农村劳动力的转移和人口老龄化,机械插秧技术得到不断创新和推广。到20世纪80年代末期,韩国的水稻机械插秧面积已达到水稻种植面积的90%。日本和韩国为解决机械插秧的早发和定量定位问题,也研发了钵苗机械插秧,但因钵苗插秧机造价高,结构复杂,作业效率低,仅在部分插秧季节温度较低地区少量推广使用。

第三节 我国水稻机插秧技术的发展

一、社会发展对水稻节本省工种植方式的需求

近几十年来,随着我国社会经济发展,农村劳动力大量向

模块七　水稻机插秧栽培技术

城镇及其他产业转移,农村劳动力老龄化现象日趋严重。如浙江省从事农业生产的劳动力平均年龄在 51 岁以上,从事水稻生产的劳动力平均年龄在 56 岁以上。水稻季节性劳动力短缺已十分突出,水稻插秧季节日用工费用很高,多数地区每亩手插秧用工费为 120~150 元,且插秧质量得不到保证。当前我国水稻手插秧面积占水稻种植面积的 55% 以上,严重影响了水稻种植季节的保障和产量的稳定。劳动生产率低、劳动强度大、水稻生产效益低,导致我国水稻种植面积持续下降,我国水稻种植面积从 1976 年的 3621.7 万公顷下降到 2006 年的 2926.7 万公顷,减少了 695 万公顷。

水稻机械插秧技术包括毯状秧苗机插、钵苗摆栽和钵型毯状秧苗机插。我国现有的水稻毯状秧苗机械插秧技术是从日本和韩国引进的。然而,日本和韩国的水稻品种类型和种植制度与我国不同,水稻品种类型,日本和韩国是常规粳稻,我国有粳稻、籼稻,还有杂交稻,且杂交稻占水稻面积的 60% 以上。水稻种植制度,日本和韩国为单季稻,我国有单季稻和连作稻。由于水稻品种类型和种植制度差异,从日本和韩国引进的机械插秧技术在我国应用过程中存在育秧时播种量大、秧苗素质差、伤秧和漏秧率高、机械插秧每丛苗数不均匀等问题。早稻由于插秧期间温度较低,机械插秧后返青慢;连作晚稻由于品种生育期和育秧技术问题,采用机械插秧较困难;杂交稻机械插秧不能较好地发挥杂交稻生长和产量优势。

我国自 20 世纪 90 年代开始研究钵苗摆栽(钵苗机械移栽技术),这种方法采用了塑料穴盘育秧,栽植深度适当,插后返青快,低节位有效分蘖多,有利于高产。但由于这种插秧机价格昂贵,且作业效率低、技术要求高,推广难度大。

钵型毯状秧苗机插秧技术是中国水稻研究所首创的水稻机插秧技术。该技术较好地解决了毯状秧苗机插和钵苗摆栽存在的问题,结合了钵形秧苗和毯状秧苗的特点和优点,便于水稻机插,机械作业效率高。其主要特点和优势:定量定位播种,降低育秧播种量,实现低播量成毯,提高秧苗质量;根系带土插秧,伤秧和伤根率低,机插后秧苗返青快,低位分蘖多。该技术能较好地发挥杂交稻的增产潜力,比普通毯状秧苗机插增产 5%～10%。

机械直播以开沟条播为主,有的带种子覆盖。可以解决手工撒、直播存在出苗差、易倒伏和后期易早衰等问题。但当前适用的水稻直播机少,相应的水稻机直播研究也较少。

通过对各国水稻种植技术发展分析表明,稻作技术是随着社会经济的发展而发展的,稻作技术要与社会经济的发展水平相适应和协调。当前我国社会经济高速发展,并达到一定的发展水平,传统的稻作技术问题凸显,需要发展以机械种植为主导的现代稻作技术,实现我国水稻可持续生产。根据我国的水稻生产环境和种植技术发展状况,水稻机械种植技术将以水稻机械插秧为主导,以机械直播为配套。因此,今后我国水稻种植技术应重点发展水稻机械插秧技术,水稻机插秧技术也是水稻生产规模化经营和应用社会化服务的基础,是确保水稻种植面积稳定和提高稻作效益的重要手段。

二、水稻机插秧技术的发展

1967 年我国自行研制的第一台东风 25 型自走式水稻机动插秧机通过鉴定并投产,使我国成为世界上首批拥有机动插秧机的国家。随着国家对农机投入力度的加大,我国水稻种植机械化有了较大发展,到 1976 年,我国水稻机械化插秧面积已占水稻种植面积的 1.1%。

20 世纪 70 年代末,我国从日本引进盘育小苗带土机械插秧技术,解决了育秧与机械插秧的配套问题,使水稻种植机械化作业水平有了较大提高。80年代,由于实行了家庭联产承包责任制,农户种植地块小且分散,政府和稻农的经济实力有限,限制了水稻机械插秧的发展,使得水稻机械插秧水平降到了低点,全国机械插秧面积仅占水稻种植面积的0.5%。90年代以后,特别是近几年,随着农村经济的迅速发展,农村劳动力转移,农民对机械插秧技术需求迫切,政府积极采用多种补贴政策推进机械插秧的发展,1995年全国水稻机械插秧面积占水稻种植面积的2.3%,到2007年已占8.0%。

黑龙江省目前正处于机械插秧迅速发展时期,机械插秧面积已经占黑龙江省水稻种植面积的40%以上。但各地发展不平衡,东部三江平原地区由于户均经营规模较大,机械插秧应用面积比例较高,已经达到60%左右,其中国有农场已经达到80%左右。西部松嫩平原由于户均生产规模较小且田块较分散,机械插秧面积较少,很多县(市)才刚刚起步。像松嫩平原这类地区应促进土地有效整合,使水稻生产向适应机械插秧的规模化方向发展。

我国水稻机械插秧面积较大的稻区主要在东北和长江中下游单季稻区,分别占这两个稻区水稻种植面积的22%和13%。

第四节 水稻机插秧存在的主要问题及对策

一、配套的品种少

我国水稻类型和种植制度多样,水稻生产种植制度有单季、双季及多熟制;品种类型有粳稻和籼稻,还有常规稻和杂交稻。杂交稻在我国水稻生产中占重要地位,杂交稻种植面积占50%多,单产比常规稻增产20%左右。随着籼型杂交稻米质改善和粳型杂交稻技术的发展,杂交稻面积将进一步扩大,解决杂交稻机械插秧问题是发展我国水稻机械插秧技术的关键。杂交稻采用机械插秧技术必须解决好目前育秧用种量过多的问题，降低育秧用种量。在我国双季稻地区及稻麦多熟制地区，由于生长季节比较紧张，在现有品种条件下，需要一定的秧龄，而秧龄过长将给机械化插秧带来众多困难。双季晚稻秧龄长，秧苗过高，移栽时已有分蘖，机械插秧效果不好。

现有机械插秧技术在杂交稻应用方面存在的主要问题：①秧苗质量差，4~5叶秧苗没有分蘖，秧苗细长；②每丛本数过多，大多2~4本；③插秧质量差，主要表现为每丛本数不均匀，大多在2~4本，有的更高，插秧后起发慢；④用种量高，种子成本高。这些问题导致杂交稻机械插秧的增产优势不明显，种子等成本提高，也限制了杂交稻机械插秧的应用推广。

目前，我国多数杂交稻适宜的种植密度大大低于常规稻，在高密度种植条件下杂交稻发挥不出增产潜力，产量优势不明显。另外，杂交稻要求单本稀植、漏插率和伤秧率低，要求机械插秧定位、定量准确。虽然生产上也有部分杂交稻采用机械插秧，但由于技术不过关，杂交稻机械插秧的优势不明显。可以说目前杂交稻机械插秧技术尚不成熟。

二、育秧技术不到位

现有机械插秧技术主要存在播种量大、秧苗质量差、秧龄弹性小，机械插秧漏秧率、伤秧率高和定量定位性差等问题。特别是早稻机械插秧早发性差，影响产量；而杂交稻没有相适应的机械插秧技术，主要在于低播种量无法成毯或漏秧率高，高播种量则不能发挥杂交稻增产优势，而且成本高。

因此，迫切需要解决水稻机械插秧存在的问题，提升机械插秧技术水平，使其适应我国水稻生产实际。水稻钵形毯状秧苗培育和机械插秧技术，结合了钵形秧苗和毯状秧苗的优势，可实现真正的带土机插，具有秧苗素质好、秧龄弹性大、漏秧率和伤秧率低，实现了定量定位播种育秧和机插，每丛株数均匀，机械插秧后秧苗具有返青快、早生快发的优点。育秧播种量小，秧苗质量好，能发挥杂交稻的增产潜力，是适合我国双季稻和杂交稻机械插秧的新技术，对推动我国机械插秧技术的发展，提高水稻产量具有重要意义。该技术不仅引领我国机械插秧技术，对于日本和韩国水稻机械插秧技术的改进也有重要意义和作用。

第五节 规模化机插育秧技术

水稻规模化育秧是利用现代农业装备进行集约化育秧的生产方式，集机电一体化、标准化、自控化为一体，是一项现代农业工程技术。其核心技术是通过专用育秧设备在育秧盘内覆土、播种、洒水，然后采用自控电加热设备进行高温快速催芽及出苗。它是集约化培育水稻壮秧的有效途径，能充分提供秧苗生长过程中所需的各种条件，成批生产出适合机械化种植的水稻秧苗，秧苗质量高，有利于水稻适当早播和抢农时、抢积温，有利于保证育秧安全可靠和高产稳产，同时可节省耕地，具有省力、省工、效益高等优点。水稻规模化育秧既是实现水稻生产种子良种化、供秧商品化的有效途径，也是实现水稻生产全程机械化的关键环节。目前，水稻规模化育秧技术主要是在我国一些大型国有农场和经济较发达的广东、上海、江苏、浙江等水稻产区示范和推广。

一、技术特点

(一) 育秧集约化程度高，有利于社会化服务

规模化育秧是一种集约化的育秧方式，有利于实现育秧专业化、秧苗商品化、服务社会化，并通过社会化服务、产业化经营提高农业组织化程度。通过规模化育秧，可实现种子良种化，供种、供秧成为一体，有利于良种普及，种子保纯，克服种子多、乱、杂的弊病。如果和统一购种、统一供种、统一提供机械化移栽服务有机融合为一体，将大大地提高农业生产的社会化服务水平。

(二) 受外界气候影响小，秧苗生长容易控制

常规田间育秧的一个难以克服的缺点是受自然条件的影响较大，秧苗生长不易控制，成苗率时高时低，整齐度差。规模化育秧把破胸出芽、催芽等重要环节进行了人工调控，能充分提供秧苗生长过程中所需的各种设备及条件，实现智能化和标准化育秧，确保出芽整齐、秧苗健壮、成苗率高。同时，由于规模化育秧的育秧时间受外界气候影响小，可早播早育。

(三) 节省秧田

规模化育秧通过适度规模经营，或分批育秧，提高了育秧的空间利用，其工厂面积与大田面积比可达 1:(600～800)，远高于常规机插育秧的 1:(80～100)，可节省许多秧田。

(四) 小苗育秧对机插要求高

为提高育秧效率，及根据规模化育秧的特点，规模化育秧技术也有不同其他育秧技术之处。首先，从秧苗生育特点看，规模化培育的秧苗多为小苗秧(2.0～2.5叶)，比一般普通机插秧育秧技术的中苗秧秧龄要短，这是为了保证规模化育秧秧苗的营养供应，加快育秧批次；其次，相对于中苗机械插秧，

规模化育秧的播种量相对较大,通过增加每秧盘的取秧次数,提高育秧和机械插秧的效率。

规模化育秧由于以小苗机械插秧为主,对机械插秧的技术要求较高。机械插秧前一定要做好大田的平整工作,采用浅水机械插秧。

(五)一次性投资成本高

规模化育秧虽然有许多优点,但一次性投资较大,投资回报率低,周期长。目前主要通过政府扶持,并引导种粮大户和经济实体投资兴办。另外,水稻育秧周期短,要搞好规模化育秧设备的综合开发利用,提高厂房、设备利用率,增加经济效益。

二、主要设备

我国水稻机械插秧规模化育秧技术主要是在引进日本规模化育秧技术基础上发展起来的。由于规模化育秧的成套设备一次性投资高,为节省成本,各地在确保秧苗规格化程度和秧苗质量的前提下,以降低一次性投资和作业成本为目标,发展我国特色的简易规模化育秧技术。规模化育秧设备除常用育秧设备外,一般还包括立苗室、秧架、加热和加湿系统、催芽机、床土粉碎过筛机等设备。

(一)立苗室

立苗室主要有玻璃温室、砖混钢筋结构厂房或钢骨架大棚等形式。砖混钢筋厂房的高度一般在2.8米以上,其跨度和长度根据育秧和供秧的规模确定,厂房要求采光好,采光面积在60%以上。钢骨架大棚规模小些。

(二)秧架

多数规模化育秧为提高育秧设备的综合利用率,都设计有秧架。秧架有专用秧架和多功能秧架两种，多功能秧架主要用于非育秧季节经济作物的栽培。

（三）加热和加湿系统

规模化育秧一般都有供暖设备。为了使选用的供暖设备具有普遍性，能适应大面积规模化集中育苗，使秧苗生产保持连续性，保证温室内升温快，操作维护简单，一般选用低压蒸汽锅炉调节立苗室的温、湿度。另外，厂房或暖棚一般都有加湿系统，采用现代微喷系统技术实现对秧苗的加湿和对暖棚的降温。

现代微喷系统是节水灌溉技术的一个分支，其原理是利用一组设备将有压水通过管路输送并分配到田间，通过灌水器以微小的流量湿润作物根部附近土壤的一种局部灌水技术。而育秧工厂微喷系统就是利用这种原理通过设备重组达到满足温室湿度要求和满足秧苗对水分要求的目的。由于采用了现代微喷系统新技术，因此，规模化育秧设备具有加工量少、通用性高、施工周期短、结构紧凑、安装简单、操作方便、使用安全等特点，解决了过去机动弥雾加工量大、投资高、使用安全性差等问题。

（四）催芽机

催芽机主要由催芽室、水箱、供水装置、装种篓、电器控制系统等组成。一般都具有温水循环、自动控温功能。

（五）床土粉碎过筛机

床土粉碎过筛机主要用以粉碎及过筛床土。有的规模化育秧点用锥形滚筒脱粒机兼作床土粉碎机，并在谷物清选机的筛面蒙上一块筛孔不大于6毫米的筛网来代替床土过筛机。

三、育秧流程

规模化育秧是一种在环境控制或部分环境控制条件下,按照规范的操作工艺流程进行机械化或半机械化作业,最终实现规模化育秧、商品化供秧、产业化经营、社会化服务的育秧方式。其育秧流程基本上与旱地土硬盘育秧流程相似,其流程包括:取土碎土→过筛→配床土→种子处理→流水线安装调试→装土→洒水消毒→播种→覆盖表土→摆盘→秧苗管理→运秧机插等环节,所不同的是装土、洒水消毒、播种、覆盖表土等均通过播种流水线完成。具体育秧流程可参考旱地土育秧。

四、操作要点

(一)床土准备

按旱地土育秧要求准备适宜作机插秧育秧的床土,其数量根据标准秧盘(580毫米×280毫米×28毫米)数量而定,一般每盘需备土4.5千克或按每公顷大田1500千克备土。做好育秧用底土的粉碎过筛、调酸、培肥、消毒等处理。另外,准备相当于底土20%左右的细土用于播种后覆盖种子,盖种细土不能添加壮秧剂和肥料。

(二)秧床准备

在日本和韩国,由于经济发达,规模化育秧技术水平高,多数育秧工厂都建有智能化的加热和加湿系统,机插小苗育秧以秧架替代秧床,秧盘主要摆在秧架上。从经济成本考虑,目前我国简化的规模化育秧工厂虽然也采用温室等保温厂房,但用秧架育秧较少,多数还是以秧床育秧为主。

秧床准备工作参照旱育秧的秧床准备,在温室或暖棚内整地做床,先清除根茬,打碎土块,整平床面,每平方米施腐熟优质有机肥 8～10 千克、尿素 20 克、磷酸二胺 50 克、硫酸钾 25 克，均匀撒施并耙入置床 3～5 厘米土层内。摆盘播种前用 1%硫酸水调酸，使土壤 pH 达到 4.5～5.5，5 小时后每平方米用 70%土菌消可湿性粉剂 1.3 克加水 3 升进行消毒。另外，根据习惯在秧床四周留好操作通道。

(三) 种子处理

根据播期、机插面积提前推算好种子用量、浸种及催芽时间。浸种前晒种 1 天左右，后脱芒过筛，去除枝梗枯叶。采用风选法和清水漂选法选种。为减少秧苗感染恶苗病、稻瘟病、稻细菌性条斑病、稻曲病等病害，播前要做好种子消毒工作，把经过浸种吸收充足水分后的种子用催芽机等装备进行催芽，水稻发芽率和出苗率与浸种时间长短有关，在一定范围内浸种时间越长，种子的发芽率越高，但当浸种时间超过 48 小时则种子呼吸作用受抑，反而影响种子的发芽率和出苗率，故种子的浸种时间以 48 小时为宜。根据有关研究和推广试验，规模化育秧催芽标准以破胸整齐露白为宜，适宜的温度是破胸快而整齐的主要条件，在温度为 38℃时，种子的生理活动旺盛，破胸迅速而整齐。一般催芽时间以 24 小时为宜。催芽机一般都具有温水循环、自动控温功能，调整好各项指标，种子催芽到破胸露白后，置阴凉处摊晾炼芽 4～6 小时，以备播种。

(四) 流水线播种

播种前安装和调试播种流水线，设备运转正常后对播种量、床土铺放量、覆土量和洒水量进行调节，直至符合要求为止。

播种时要合理安排和配备操作人员，保证播种流水线的正常运作，一般需配备 5～6 人（添加秧盘、添加床土、添加种子、出盘、叠放秧盘、机动各 1 人）。技术要求：喷水施肥系

模块七 水稻机插秧栽培技术

统工作正常;传动皮带的松紧度适当;调节床土排量活门,使底土厚度为 2.0~2.2 厘米,覆土厚度为 0.3~0.5 厘米;调节刷土滚,使之刚好接触到底土;调节喷水施肥装置,一般每盘喷水 600 毫升,使盘底不滴水,盘面无积水,底土全湿透;调节播种量,要求将 5 盘以上连续播种的种子合在一起称重后求平均值,以减少误差。

(五)摆盘

摆盘前对秧床浇透水,将秧盘移至秧床依次平铺整齐。盘底紧贴泥土,并沿秧板整好盘边,确保秧块尺寸。

(六)秧苗管理

规模化育秧立苗的 1~2 天室内温度应保持在 35℃ 左右,使种子快速发芽,并能控制病菌生长;第 2 天温度控制在 32℃,当芽鞘长到 8 毫米左右时,及时进行光照处理,控制芽苗高度。在破鞘出叶后,室温可逐渐降至 30~32℃,并做到少量多次的均匀喷水。立苗 2 天后,种子长出第一片完全叶,在种子第一片真叶长出后芽鞘节次生根陆续长出,此时,室内温度应保持在 25~30℃。为保持根系旺盛呼吸和叶片光合作用正常,应适时通风、换气,并以温调湿。

秧苗的生长速度与温度的高低有着密切关系,温度越高,生长越快,但当温度超过 35℃,秧苗的生长速度过快,将导致秧苗素质下降,且易引起高湿(相对湿度大于 85%),从而引发稻叶瘟的发生,故大棚内的温度应控制在 35℃ 以下,相对湿度控制在 85% 以下。秧盘中泥土水分状况对秧苗生长也有着极大的影响,过湿会使棚内相对湿度过大;过干,则易引起秧苗立枯病。经试验总结,泥土现干发白或秧苗叶尖无水珠,是秧苗缺水的外表特征,根据"盘中不积水,秧尖挂露水"的原则,适时进行喷水。

五、注意事项

(一)合理安排播种和机插时期

规模化育秧采用小苗机插,播种量大,秧龄短且弹性更小,播种期与大田的机插适期要严格对应,以免延长秧苗秧龄,降低机插秧苗质量。另外,规模化育秧为提高空间和时间利用率,多采用分批育秧播种,而我国不同种植季节的水稻,或不同品种的水稻生育期差异较大。因此,规模化分批育秧还应与品种和季节相对应,前期可选择生育期长、产量相对较高的品种,后期的育秧品种要选择生育期短能安全成熟的品种。

(二)提高播种质量

规模化育秧由于机械化作业程度较高,技术要求也相对较高,各个关键技术环节需要严格把关,以保证播种和育秧质量。影响规模化育秧发芽和播种均匀度的因素较多,如种子表面过湿、种芽和种芒过长,都会影响播种的均匀度;床土渗水性差,播种时如果床土上有明水,将导致播后种子漂在水上,影响播种的均匀度;覆土湿度大或覆土颗粒过大,都会影响覆土质量,进而影响出苗;毛刷与排种轮两侧的开度不一致,也会导致播种不均匀。因此,播种时种谷以开胸露白为好,种子含水率控制在 30% 左右,并脱净表面水,以免黏在排种轮上;覆土用的床土不拌化肥,但要比床土细一些、干一些。

第六节 机插稻的关键技术

一、大田整地

在水稻规模化生产中,机插水稻采用中小苗栽插,对大田整地质量要求比一般手栽稻要求较高。总体要求田块平整无残茬,高低落差不超过3厘米,表土软硬适中,泥脚深度小于25厘米,旋耕深度10~15厘米。机插时泥浆沉实达到泥水分清,泥浆深度5~8厘米,水深1~3厘米。

(一)整地方法

(1)处理好前茬秸秆。前茬作物收获后必须进行秸秆粉碎,留茬高度小于15厘米。

(2)旱整。首先旋耕灭茬,深度控制在15厘米以内,要求前茬覆盖率高、无漏耕现象。对落差大、地势不平整的田块要框好田,大田隔小田,以达到相对平整。

(3)水整。灌水泡田24小时后水整拉平,使泥浆深度为5~8厘米,田块高低差不超过3厘米,同时清除残茬。

(4)沉实。沉实时间根据土质而定,一般沙质土沉实1天,壤质土沉实2天,黏质土沉实3~4天。沉实后栽插时保持田间有"茬茬水"。

(二)施好基肥

结合整地,于旋耕前每亩施45%复合肥40~50千克,尿素10千克左右。有条件的每亩增施有机肥2000千克,全层施用,肥土混匀。

(三)栽前化学除草

在沉实期间每亩用50%丁草胺乳油100~150毫升拌细土40~50千克撒施,保持浅水层3~4天,或直接用喷雾器喷洒。

二、起秧与运秧

(1)叶龄。3~5叶左右起秧,机插。

(2)起秧原则。秧块潮湿、卷起不裂、提起不散、随起随运随插。

(3) 方法。软盘育秧可以随盘运到地头,也可卷起运到地头,堆放层数 4 层以内,切勿堆放层数过多,增加底部压力,造成秧块变形、折断秧苗,运放到地头随即卸下平放,使秧苗自然舒展,利于机插。双膜育秧在起秧前要先切块再卷秧,利用切块模具进行切块,标准长 60～70 厘米,宽 27～27.5 厘米。

三、机插群体要求

机插水稻要求在适宜秧龄条件下,做到适期早插,保证栽插穴数,基本苗不缺行断穴,保证机插栽培足够的群体起点。利用插秧机栽插穴距可调节性能,确定不同品种、不同地块产量水平所需的每亩穴数,再利用插秧机取秧器取苗多少可调节性能,确定不同品种、不同地块产量水平所需的每穴苗数。在机插行距稳定不变的前提下,栽插基本苗可因品种、地块生产水平任意调节。

四、肥料运筹

根据土壤肥力水平,可以按每亩产 600 千克的产量水平合理运筹肥料,施好 3 次肥料,即基肥,返青分蘖肥,拔节孕穗肥。

1. 基肥

基肥施用量为 45% 复合肥 40～50 千克,尿素 10 千克。施用方法为全层施用。有条件的每亩增加土杂肥 2000 千克,适当减少化学肥料用量。

2. 返青分蘖肥

秧苗栽插后 10～15 天,每亩施碳铵 40 千克或尿素 15 千克,建立水层,促分蘖早发快发。

3. 拔节孕穗肥

适期施好拔节孕穗肥对于机插稻提高成穗数，实现大穗，夺取高产具有重要作用。于7月底至8月上旬每亩施尿素8~15千克，群体较大，叶片下施8~10千克；群体偏小，叶片发芽每亩施10~15千克。

五、水的管理

机插稻田由于是中小苗栽插，应建立单独的排灌系统。插秧时坚持薄水栽插，寸水棵棵到，机插后灌水护苗，以浅水勤灌为主。栽后10天实行浅水灌溉，干湿交替，水深3厘米左右，待自然落干后再上新水。7月底，应根据不同田块群体动态适期分次轻搁田，当群体达到预计成穗数80%~90%时开始搁田，以轻搁、勤搁为主，经2~3次轻搁田后，群体高峰苗控制在成穗数的1.2~1.3倍。抽穗后以湿润灌溉为主。收割前一周断水。

六、综合除草技术

由于机插稻行距扩大，栽插秧苗较小，裸露土表面积大，有利于杂草生长而发生危害，做好化学除草工作是机插稻田间管理的重要一环。在除草策略上坚持一封一补和人工拔除相结合。

（1）整地沉实时封杀。水整地结束后每亩用50%丁草胺100~150毫升拌细土40~50千克撒施均匀，并保持浅水。

（2）栽后补治。地势平整田栽后2天，每亩用50%丁草胺100~150毫升拌细土40~50千克均匀撒施；地势不平的田块，栽后2天每亩用50%丁草胺100~150毫升兑水40~50千克均匀喷雾。

（3）返青后杂草较为严重的田块，每亩用杀稗王50克加稻农乐 50 克，兑水 40～50 千克喷雾或采取人工拔除。

七、综合防治病虫害

根据水稻同常规栽插田病虫发生危害的趋势，机插水稻只有条纹叶枯病、黑条矮缩病发病很轻或不发生，其他病虫害与手工栽插田基本相同。发生病虫害有：纹枯病、稻瘟病、稻曲病、恶苗病、干尖线虫病，杂交稻后期的叶部病害、细菌性基腐病等。3 种飞虱、稻纵卷叶螟、二化螟、稻苞虫等。

1. 做好秧田期病虫害的防治

以灰飞虱、稻蓟马、稻象甲、稻瘟病苗瘟为主，每亩用吡虫啉 2 克（有效成分）或 40％毒死蜱 100 毫克喷雾防治；防治稻象甲用 25％敌杀死或 20％速灭杀丁 30 毫克喷雾防治；防治苗瘟每亩用 50％三环唑 50 克喷雾防治。

2. 中后期水稻病虫害的防治

指导原则：综合分析、统筹兼顾、突出重点、一喷多防。

第一次防治时间：7 月底或 8 月初。

防治对象：主治白背飞虱、纹枯病、稻纵卷叶螟，兼治叶稻瘟。

药剂配方：锐劲特、毒死蜱、井腊芽或井冈霉素、三环唑等。

第二次防治时间：8 月中旬。

防治对象：主治二代二化螟、稻飞虱、三代纵卷叶螟，兼治稻穗颈瘟，实行药肥混喷。

药剂配方：针对二化螟对杀虫草、杀虫双抗药性强的特点，要使用三唑磷及其复配剂加扑虱灵，或用锐劲特及其复配剂加多井三环、叶面肥等。

模块八　水稻抛秧栽培技术

第一节　水稻抛秧栽培概述

一、水稻抛秧介绍

水稻抛秧栽培技术是指采用钵体育苗盘培育出根中带有营养土块的水稻秧苗,或采用旱育秧育出秧苗后用手工掰成块状,通过抛秧使秧苗根部向下自由落入田间定植的一种水稻栽培法。它将长期以来水稻生产中的人工手插秧改变为直接向田间抛撒秧苗,使千百年来弯腰曲背艰辛劳作的农民减轻了劳动强度,提高了工作效率,受到科研、推广部门及广大农民的欢迎。

二、水稻抛秧的优点

(一)节省劳力,减轻劳动强度

一个熟练的劳动力每天可抛栽 0.2～0.3 公顷大田,比手工栽插提高 4～5 倍,而且劳动强度小,缩短了栽秧时间,抢住了插秧季节。

(二)有利于稳产、高产

抛秧栽培水稻可缩短返青期,促早生快发,尤其是低位分蘖增多,提早成熟,有利于高产、稳产。例如,某市农技中心的测产显示,早稻抛植栽培每公顷产量 7605 千克,比手工插植增加稻谷 301.5 千克,晚稻抛植每公顷产量 7980 千克,比手工插植增加稻谷 495 千克。

(三)省种省田,有利于集约化育秧

抛秧栽培的秧田与本田比一般为 1:(30～50),且秧苗成秧率高,每公顷晚稻大田可节省杂交稻种 7.5～11.25 千克,晚稻节省杂交稻种 7.5 千克,早、晚稻各节省 90% 的秧田。同时,有利于集约化育秧。

(四)节省成本,提高经济效益

根据试验,每公顷大田节省地膜、拱架等成本 150 元,节省早、晚稻种子 60 元,育秧肥料 45 元,扣除育秧盘折旧费 105 元,双季稻可节省成本 150 元,加上增产的效益,节省秧田的费用 810 元。推广 1 公顷双季稻抛植栽培,可净增值 960 元左右,既节约了大量栽植成本,也提高了经济效益。

(五)具有较高的社会效益

抛秧栽培可节省专用秧田,增加种植面积,有效提高土地利用率;可节省劳动力,有利于促进农村第二、三产业的发展;还有利于规模化育秧,促进农业社会化服务体系的发展。

第二节 抛秧的生育特点

由于抛秧栽培无需手工一蔸一蔸地插秧,而是经历一种由抛到落的过程,抛栽小苗带土、秧根入土浅,田间无行株距规格,抛后秧苗姿态不一,有直立,有平躺,因此,与移栽稻相比,秧苗的生育特点有很大差异。

模块八 水稻抛秧栽培技术

一、秧苗活蔸快,没有明显的返青期

据观察,一般中小苗抛栽,抛后 1 天露白根,2 天基本扎根,3 天长新叶。秧苗不仅活蔸快,成活率高,而且没有明显的返青期。

二、分蘖早、节位低、数量多

水稻抛植栽培,茎节入泥浅,分蘖节位低,分蘖数增加,最高茎蘖数明显高于手插秧。据对杂交晚稻汕优 64 测定,抛植比插植分蘖节位低 2～3 个,最高茎蘖数比手插增加 30% 左右。缺点是成穗率稍低

三、根系发达

抛栽的秧苗伤根少,植伤轻,入土浅,发根比手插秧早。抛后由于新叶不断发生,分蘖增多,具有发根能力的茎节数迅速增多,发根力增加,根量迅速扩大,且横向分布均匀。据观察,杂交晚稻威优 64 抛后 3 天,抛植比手植的单株白根多 5.2 条,分蘖盛期总根多 31.6%,白根数多 27.3%。

四、叶面积大、叶片多

水稻抛栽后,前期出叶速度快,总叶片数多,后期绿叶数多。此外,叶片张角大,株型较松散,田间通风透光性好。抛秧稻各生育期叶面积指数均较大,据江苏淮阴测定,抛植汕优 63 最大叶面积指数比手插稻高 12.45%,成熟时生物产量高 10.89%。

五、单位面积穗数多,穗型偏小,不够整齐

据测定,抛植汕优 63 下层穗占 14.1%～19.8%,较手插

稻多 2.7%～5.9%，穗数比手插稻高 14.6%。抛秧稻产量比手插稻高 10.3%。每穗实粒数 107.5 粒，比手插少 5.1 粒，结实率与空秕率与手插相当。但穗型偏小，也不够整齐。

第三节 水稻抛秧关键栽培技术

一、育秧技术

(一)播种期

(1)早稻：3 月 15～20 日。

(2)中稻：4 月 20 日至 5 月 10 日。

(3)双季晚稻：6 月 20～30 日。

(二)选择适宜品种

水稻抛秧应选择抗病性和抗倒伏性强、中大穗型、生育期适宜的水稻品种。

(三)培育适龄壮秧

目前，已经发展了适宜于抛秧的水稻秧盘育秧、水稻无盘旱育秧等技术。

1. 水稻秧盘育秧技术

(1)育秧准备。苗床既可以是泥浆秧田，也可以是旱地。选择地势平坦、土壤肥沃的田块做苗床，用壮秧营养剂等苗床专用肥制作营养土。根据季节、品种类型、秧龄和抛栽密度，选择不同孔数的抛秧盘。杂交稻应选择孔径较大的秧盘(每盘孔数较少)，一般按照秧田与大田比例 1:(35～40)标准，每亩大田用塑料软盘(434 孔)55～60 张。

(2)确定播种期和播种量。根据当地水稻安全齐穗期确定适宜播种期，常规粳稻大田每亩用种量 3 千克左右，杂交中籼稻 1～2 千克，杂交稻每孔 2～3 粒种子，常规稻每孔 2～4 粒种子。

(3) 均匀播种。种子浸种催芽后，用专用包衣剂均匀包衣播种，播种后盖好营养土。对于旱地育秧，播种前苗床和秧盘底土浇足水分。

(4) 秧苗管理。连作早稻及部分单季稻育秧期间需要覆膜保温，适时揭膜施肥浇水。一般秧龄 20～30 天，叶龄 4～5 叶时抛栽。

2. 水稻无盘旱育秧技术

(1) 选准抛秧型。旱育 350 克，可包衣稻种 1～1.2 千克。

(2) 浸好种子。采取现包即种的方法，包衣前先将稻种在清水中浸泡 25 分钟，温度较低时可浸泡 12 小时，捞出稻种，沥去水分。

(3) 包衣方法。将包衣剂倒入脸盆等圆底容器中，再将浸湿的稻种慢慢加入脸盆内进行滚动包衣，边加种边搅拌，直到包衣剂全部包裹在种子上为止。

(4) 浇足底水。旱育苗床底水要浇足浇透，使苗床 0～10 厘米土层含水量达到饱和状态。

(5) 均匀播种。无盘抛秧播种一定要均匀，才能达到秧苗所带泥球大小相对一致，提高抛栽立苗率。

(6) 播后覆盖细土。苗床播种后要覆盖细土再用喷壶浇湿，接着喷施旱育秧田专用除草剂。

(7) 覆盖薄膜、增温保湿。为了保证秧苗整齐、均匀、粗壮，播种后要盖膜，齐苗后逐步揭膜，揭膜时要一次性补足水分。

(8) 无盘抛秧的秧苗在拔秧前一天的下午要浇足水，一次透墒，以保证起秧时秧苗根部带着"吸水泥球"。

(9) 其他管理按旱育秧常规管理方法。

二、抛秧技术

（一）抛栽时间

抛栽要适时，这是夺取高产的重要环节，一般以中、小苗抛栽为好，操作方便，又容易获得高产。但要根据季节和品种的特性以及育苗方式等因素综合确定。一般在 3.5～4.5 叶进行抛栽。

（二）抛秧密度

抛秧稻要充分发挥高产优势，就必须达到较多的穗数。抛秧稻的稻株大小不一，也不能并株调整，每株稻苗的平均茎蘖数，一般比移栽稻偏少，需要增加一定的基本苗数来补偿。所以，确定抛栽密度时，通常抛秧的基本苗应比同龄手插秧增加10%左右。

（三）起秧与运秧

(1) 控制水分。控制秧盘营养土块水分，使干湿适度。一般在抛秧前 2 天给秧盘浇一次透水，起秧时保持干爽，这样容易分秧。

(2) 起秧与运秧。起秧时先松动秧盘，再把秧盘拿起，以免一次用力过猛而损坏秧盘；平地旱育的可用平板锹铲秧，厚度 5 厘米左右，保持根系不过分受损伤，并带有一定的土块。运秧时，盘育秧可先将秧苗拍打落入运秧筐内或直接将秧盘内折卷起装入筐中运往大田；平地旱育铲抛的可用筐或盆之类的工具运送。要注意抛苗要随起、随运、随抛，不可放置时间过长。时间过长会出现萎蔫，影响活棵立苗。

（四）抛栽

(1) 人工抛秧。一般土壤在耕田后土质松软、表面处于泥浆状态时，最适合抛栽。烂泥田耙后要等浮泥沉实后再抛秧，

模块八 水稻抛秧栽培技术

不使秧苗下沉太深。沙质土要随耙随抛,有利于立苗。抛秧最好选在阴天或晴天的傍晚进行,这样抛栽后秧苗容易立苗。抛栽时人退着往后走,一手提秧篮,一手抓秧抛掷,或者直接将秧盘搭在一只手臂上,另一只手抓起秧苗,把根块抖一两下,使秧块散开即可抛栽。抛栽时要尽量抛高、抛远,抛高约3米,先远后近,先撒抛,后点抛,先抛完70%~80%总秧量之后,每隔3米宽拉绳检出一条30厘米宽的人行走道,以便田间管理以及开丰产沟烤田。再在人行走道中,将剩下的20%~30%秧苗补稀补缺,尽力使分布均匀一致,并用竹竿进行移稠补稀,如果一时来不及,移稠补稀可在抛后2~3天内做完。

(2)机械抛秧。机械抛栽的优点是抛秧效率比人工高,而且也比人工抛秧均匀。机械抛栽一般以抛栽中、小苗秧效果较好。机械抛栽具体操作技术应按不同型号机械操作说明进行。

三、田间管理

(一)施肥

抛栽稻一生所需的总氮、磷、钾数量与一般手栽秧相当。抛秧栽培本田群体密度较大,又属带土浅栽,根系分布较浅,对肥水反应敏感,前期分蘖发生多,长势容易过猛,所以苗肥不能过多,以防群体过大。抛秧田应重施基肥,基肥施氮占总氮量的60%左右,磷、钾各占总量的100%和60%、蘖肥面施占总氮量的10%~15%,大田不施或少施保蘖肥,到了中后期,由于功能叶较多,总颖花量较大,灌浆期较长,为保持群体旺盛的活力,应适当加大穗粒肥的比重,穗粒肥用量占总氮量的25%~30%和总钾量的40%。

(二)水分管理

抛秧稻分蘖多、根系分布浅,水浆管理不当,就容易形成头重脚轻，最后出现倒状。为了促根深扎，促进壮秆，有效地防止根倒伏，抛栽的稻田要坚持严格的间歇灌溉，除有效分蘖期及孕穗中、后期保持适当浅水层外，其余生长期间一律实行排灌结合、干湿交替的灌水制度。在抛秧后 3～5 天，坚持阴天和无雨夜间露田，晴天上午建立浅水层，促进扎根立苗。抛后如遇大雨及时将水排出，防止积水漂秧。抛秧 3～5 天立苗后建立浅水层，以利促进分蘖。适时早烤田，多次轻烤，促进发根。一般在茎蘖数达到预计穗数的 85％ 时开始烤田。由于抛栽稻对水分反应较敏感，晒田不宜一次过重，应采用多次轻晒，先轻后重，晒到"脚踩田面不下陷，见缝不见白"时就立即上水，3～4 天后落干再晒。孕穗到抽穗阶段，适当增加灌水次数，或在抽穗前 5～15 天保持浅水层。抽穗后直到成熟前 5～7 天，要严格保持田面硬板湿润，泥不陷脚，使稻根牢牢地固定在土壤中，这是防止抛栽稻根倒伏的关键。抛栽稻抽穗不整齐，灌浆期拖得很长，后期要特别注意养老根，不要过早断水，适当推迟收割，以提高谷粒的黄熟率。

（三）杂草防除

抛秧稻秧苗在田间分布极不规则，叶龄又小，前期群体透光率高，有利于杂草的萌发与生长，而且耘田除草无法进行，靠人工拔除费工费力，同时，也不易除尽，只有靠化学除草来解决问题。化学除草要适时，使用药剂要适量，抛秧立苗后抓紧进行，一般在抛秧后 5～7 天，当秧苗全部扎根竖立起来后施药。施药方法：每公顷用 60％ 丁草胺乳油 1500 毫升，或丁苄 1.2～1.8 千克，拌细潮土撒施，保持田水 5 厘米左右，3～5 天不排放。如果杂草种类繁多，则根据杂草类型选用相应的除草剂配方进行防除。

模块九 机械化收获技术及配套机具

第一节 机械化收获技术

一、机械化收获方式

水稻机械化收获方式主要有分段收获法和联合收获法两种。

二、分段收获机械化技术

(1)收割农艺要求。收割期一般在 7~10 天,收割干净、不漏割,收割损失率应小于 1%。割茬高度依据当地具体条件而定。割下的作物要铺放整齐,铺放位置正确。

(2)机械收割的操作要求。割前对收割机全面检查和保养,确保技术状态良好。先转动收割机各工作机构,然后小油门平稳起步,当收割时加大油门,达到额定转速。根据作物生长情况(高、矮、稀、密)和田块情况正确选用收割机前进速度(一般为 2~3 千米/小时),地头转弯或过沟、田埂等要减速。收割机应沿插秧或播种方向尽量走直,满幅工作。不能满幅时,要使作物靠输出口一边,既不要左右摇摆,也不要取中间而漏两边。作业过程中要随时检查,及时清理缠草和泥土等。收割倒伏角度大于 45°的水稻时,要采取单向顺倒伏或垂直倒伏方向收割方法。另外要注意,装配在手扶拖拉机上的收割机,要合理选用配重。

三、机械化脱粒技术

(1)脱粒技术要求。待脱作物要干燥并堆成垛。茎秆中不应夹带谷粒,脱净率要大于90%,破碎率应小于1%。脱扬机的清洁率应大于98%。

(2)脱粒机的编组方法。动力机与脱粒机的功率应当互相匹配,动力机功率的大小可按脱粒机说明书来配备。脱粒机滚筒转速一定要达到额定转速,其皮带轮尺寸可按脱粒机搭配的皮带轮配备,也可根据脱粒机额定转速通过计算确定。皮带长度为动力机和脱粒机皮带轮直径和的5倍。

(3)脱粒机操作要求。脱粒开始时,脱粒机滚筒转速应达到额定转速才能喂入,停止脱粒时则要先停止喂入,待谷粒排净后才能停车。一般喂入方法是穗头先进,并要适当控制喂入深度,喂入量要均匀,连续满负荷喂入。脱粒过程中要经常检查脱粒质量,发现问题及时调整。质量检查包括脱净率、破碎率、清洁率和损失率等。

四、联合收获机技术要求

(1)联合收获技术要求。收割、脱粒干净;总损失率:全喂入式水稻联合收获机$\leqslant 3.5\%$,半喂入式水稻联合收获机$\leqslant 2.5\%$;破碎率:全喂入式水稻联合收获机$\leqslant 2.0\%$,半喂入式水稻联合收获机$\leqslant 0.5\%$;割茬高度应根据农户要求在5~20厘米范围内选择。

(2)收割前的技术准备。一是机车准备。要根据技术要求,对机车组进行检查、调整、保养,保证技术状态良好。二是田块准备。根据收割作业方式,作业前应开出收割道,田块四角应割出一定半径的圆角,以便机组入田开割。三是运粮车准备。运粮车有农用汽车、拖拉机、板车等,可根据运距、运粮车载重量、联合收割机工效、运粮车往返时间、收割物产量等因素决定运粮车数量。四是其他物品的准备。主要是维修工具、油料、防火器材、必要农具(如锹、锄、麻袋等)。

(3)联合收割作业操作技术要求。先进行试割,试割目的在于检查试运转中未发现的问题,并检查和调整到最佳质量工作状态。作业行走方法一般选用反时针向心回转法。要熟练掌握机组入田、开割、过障碍(田埂、沟等)、转弯收割、行走卸粮、出田、转移等操作要领。收割倒伏作物时应将割台降到最低位置,并要正确选择收割方向,首先是逆倒伏方向,其次是垂直倒伏方向。在作业中要定期检查机车运转情况和作业质量,发现问题及时调整。作业质量检查包括割茬高度、收获损失、脱粒质量、清选质量、清选损失、清洁度、破坏率等内容。

五、收获机操作注意事项

(1)按说明书安全操作规程正确操作。
(2)收获机应由专业人员或经过专业培训的熟练机手进行操作。
(3)按说明书要求及时对收获机械进行保养和调整。
(4)机组在作业、转弯和转移中要特别注意行人动态和障碍物,以便及时采取措施,防止发生意外事故。
(5)场上作业和联合收割时应穿好工作服、穿好鞋袜、扎好长头发,以免发生意外。
(6)脱粒机的皮带要有保护装置。
(7)禁止非操作人员在机车工作时接近脱粒机组。
(8)作业场地严禁吸烟和烟火。

六、收获机械的保管

收获机械作业完毕后,为确保次年正常使用,首先要将机组清洗干净,特别是滚筒。将输送部分的杂草、谷壳、谷粒、尘土等要清扫干净。其次要卸下所有皮带,涂防锈漆,停放在干燥通风处保管。注意,如果是胶轮和橡胶履带要用木板垫起来。

第二节 生产应用的配套机具及规则

一、机具分类

水稻生产机械化技术配套机具,按正常环节可分为耕整机械、育秧设备、种植机械、田间管理机械、收获机械等。①耕整机械部分分耕地机械和整地机械两大类,主要机具有水田耕整机、旋耕机、水田驱动耙、机耕船、水田铧式系列犁。②育秧设备包括种子清选机、脱芒机、催芽机、脱水机、碎土筛土机、拌和机、播种机(播种流水线)、大棚温室、秧盘和秧架、增温设备、淋水设备等。③种植机械分栽植机械和播种机械两大类,主要机具有插秧机、抛秧机、行抛机、摆秧机、直播机。④田间管理机械又分深施肥机械、植保机械、排灌机械三大类,主要机具有化肥深施器、弥雾机、喷粉机、水泵、电机、水管等。⑤收获机械又分为分段收获机械和联合收获机械两大类。分段收获机械包括割晒机、割捆机、扬场机;联合收获机械包括联合收获机、半喂入式联合收获机和摘穗式联合收获机三类。

二、配套机具的一般规则

配套机具选择要遵守客观上的需要,技术上可行,经济上合算三个基本原则。另外还要考虑以下因素:①尽可能满足水稻生产农艺要求;②尽可能提高机具的综合利用程度;③尽可能保留实用机具、坚决淘汰落后机具,积极引进适用新型机具;④尽可能超前开发新技术;⑤尽可能采用国内外先进技术和机具等。

第三节 插秧机的维修

一、水稻插秧机常见故障及排除方法

由于水稻插秧机处于推广阶段,农民在使用过程中,出现

了不少故障,现列举22种常见故障及其排除方法。

1. 立秧差或发生浮苗

原因:秧苗苗床水分过多或过少;插秧深度调节不当;水田表土过硬或过软;秧爪磨损。

排除方法:除采取对应措施外,可减慢插秧速度,非乘坐式插秧机还可往下压手把。

2. 穴株数偏多(每穴标准株数为3～5株)

原因:苗床上水分过大;取秧量调节不当。应采取对应措施予以解决。

3. 插过秧后秧苗散乱

原因:推秧器推出行程小;苗床过干或水分过大;苗片与苗片接头间贴合不紧;水田表土过硬或过软。

排除方法:除采取相应措施外,可降低插秧速度、更换秧爪、清理或更换导秧槽。

4. 漏穴超标(机动插秧机漏穴率一般不应超过0.5%)

原因:苗田播种不均匀;秧苗拱起或秧苗卡秧门;取秧口夹有杂物;秧苗盘超宽造成纵向送秧困难。

排除方法:重新装秧苗或将秧苗切割为标准宽度;清除秧苗杂物;更换密度不均匀秧苗。

5. 各行秧苗不匀

原因:苗床土含水量不一致;各行秧针调节不一致;纵向送秧张紧度不一致。

排除方法:除采取对应的措施予以解决外,对有的插秧机可逐个调节送秧轮,使每次纵向送秧行程均为11～12毫米。

6. 秧门处积秧

原因:秧爪磨损,不能充分取苗;秧爪两尖端不齐和秧爪间隔过窄或过宽;秧苗苗床土过厚,苗床土标准厚度为2.5～3厘米。

排除方法：应及时更换新秧爪或校正秧爪的间隔距离。

7. 取秧量忽多忽少

原因：取秧量调整螺栓松动；摆杆下孔与连杆轴磨损。

排除方法：重新调整取秧量并紧固调整螺栓；更换摆杆及连杆轴。

8. 夹苗

原因：分离针尖端磨损；分离针上翘；压板槽磨深；推秧器磨损；导套磨损；推秧弹簧折断；拨叉与凸轮磨损。

排除方法：更换磨损零件。

9. 各行间深浅不一致

原因：各栽植臂的拨叉、拨叉轴、推秧凸轮等磨损不一致；各个链箱不在同一水平面上。

排除方法：先将各个链箱校正于同一水平面上，然后更换磨损零件。

10. 插深调节失灵

原因：升降杆或升降螺母产生滑扣；固定销孔磨大；矩形管固定销轴座折断。

排除方法：更换升降杆、螺母或销轴；焊接固定销轴座。

11. 分离针碰秧门

原因：秧门错位；栽植臂安装不当；栽植臂曲柄内孔磨损；分离针上翘；取秧量调整过大；摆杆轴旷动或下孔磨损。

排除方法：将秧门复位并固定；将栽植臂调至正确位置；更换磨损的曲柄或链轴；校正或更换分离针；更换摆杆或摆杆轴及轴承；调小取秧量。

12. 某组栽植臂不工作

原因：链箱传动轴折断；链条脱销或折断。

排除方法：接上链条；更换传动轴。

模块九 机械化收获技术及配套机具

13. 秧箱跳槽

原因：滑块或滑槽磨损；秧门两端固定螺栓松动；秧门变形；抬把过高；送秧滚轮锈蚀；送秧滚轮螺钉变形。

排除方法：先更换滚轮及螺钉，再检查滑块滑槽，若严重磨损，应更换；校正秧门固定螺钉；若秧门固定处磨损，可加一长方形垫片；抬把过高时，用起子撬起抬把前端装上新缓冲块。

14. 秧箱不工作

原因：指销或螺旋轴磨损；滑套固定螺栓漏装。

排除方法：打开工作传动箱盖，更换指销或螺旋轴；若滑套固定螺栓漏装，应重新安装。

15. 送秧抬把后端过高

原因：橡胶缓冲块漏装或损坏。

排除方法：用起子撬起抬把前端，装上新缓冲块。

16. 送秧齿轴不转

原因：送秧棘轮钢丝销脱落；棘轮槽口磨损；棘爪或扭簧脱落；送秧齿轴轴向窜动。

排除方法：先看棘轮、棘爪及扭簧是否完好，若损坏或脱落，应予更换；再拨动送秧螺钉，若棘轮转动而送秧轴不转，说明钢丝销脱落，将钢丝销装复。

17. 送秧轴工作转角小

原因：桃形轮与送秧凸轮严重磨损。

排除方法：打开工作传动箱盖，更换新件。

18. 送秧轴不工作

原因：桃形轮定位键损坏或漏装；桃形轮与送秧凸轮卡住；送秧凸轮钢丝销折断或漏装。

排除方法：若两轮相卡，则是送秧与桃形轮磨损所致，可卸下送秧凸轮或桃形轮，用锉刀将工作面锉成平滑的弧面，严重磨损的应更换；若键或销损坏应换新件。

19. 送秧轴间歇工作

原因：桃形轮回位弹簧或送秧凸轮回位弹簧弹力弱，使桃形轮或送秧凸轮不能回位。

排除方法：打开工作传动箱盖，卸下两个回位弹簧，更换新的回位弹簧。

20. 定位离合器手柄卡滞

原因：分离凸轮磨损后，与调节螺母卡滞。

排除方法：卸下分离凸轮，用砂轮或锉刀将凸轮工作面磨成平滑的弧面。

21. 主离合器分离不彻底

原因：摩擦片与皮带轮黏结；定位螺钉松动，致使离合器拨销脱落；离合器拨销严重磨损。

排除方法：卸下皮带轮总成，使黏结部分脱开，用砂纸将摩擦片表面打磨干净，更换离合器拨销；拧紧定位螺钉。

22. 定位离合器分离不彻底

原因：调节螺母调整不当；分离销与调节螺母滑扣；离合牙嵌上的定位凸沿磨损；拉簧折断（使用拨叉的定位离合器）。

检查方法：先打开定位分离盖，检查调节螺母是否在正确位置，调节螺母及分离销是否滑扣，拉簧是否折断。若无问题再拆下动力输出轴总成，查牙嵌定位凸沿的技术状态。

排除方法：将调节螺母调至正确位置；分离销或调节螺母滑扣应更换；更换拉簧；若定位凸沿磨损，可将分离牙嵌啮合面磨去约 0.5 毫米；严重磨损应更换。

二、农机修理中常见的不良做法

1. 更换润滑油不清洗油道

许多农机手在更换润滑油时，不清洗油底壳或输油道，就将润滑油注入其中,这样做很不科学。因为油底壳及输油道未经清洗,含有许多杂质,其进入零件表面会加剧机件磨损,特别是新的或大修后的机车,试运转后杂质更多,如不清洗就进行作业,还将出现烧瓦和抱轴事故。

2. 行车时不装空气滤清器

发动机在运行过程中要吸收新鲜空气,排除废气。如不装空气滤清器,作业时空气中大量灰尘被发动机吸入气缸,会加速发动机的磨损,降低发动机的功率。

3. 拧紧连杆螺丝不用扭力扳手

大多数农机手在拧紧连杆螺丝时不用扭力扳手,而用专用扳手用劲拧紧,这样安装,连杆螺丝因用力过猛而产生内应力,使金属产生过度疲劳引起连杆螺丝断裂,造成机车事故。

4. 安装气缸垫涂黄油

许多人在安装气缸垫时,喜欢在缸体上涂一层黄油。黄油遇高温后熔化流失,缸盖、缸体与气缸垫产生间隙,燃气容易从中跳出,造成气缸漏气,缸垫损坏。黄油遇到高温产生的积炭还会使缸垫老化变质,增加装拆困难,给修理带来很多麻烦。

5. 安装活塞销明火加温

由于活塞销座处较厚,其他部分较薄,明火加温后的热膨胀系数很大,容易使活塞变形。一般明火加温温度较高,在自然冷却过程中,里面的金属组织受到破坏,因而降低了活塞的耐磨性和使用寿命。

模块十 水稻的病虫害综合防治技术

第一节 病害防治

一、水稻白叶枯病

水稻白叶枯病又称白叶瘟、茅草瘟、地火烧等,我国各稻区均有发生,是水稻的主要病害,对产量影响较大,秕谷和碎米多,减产达20%～30%,重的可达50%～60%,甚至颗粒无收。

(一)症状

水稻白叶枯病的症状因病菌侵入部位、品种抗病性、环境条件有较大差异,常见分为两种类型。

(1)叶缘型,是一种慢性症状,先从叶缘或叶尖开始发病,发现暗绿色水渍状短线病斑,最后粳稻上的病斑变成灰白色,籼稻上为橙黄色或黄褐色,病健明显(见图10-1)。

(2)青枯型,是一种急性症状。植株感病后,尤其是茎基部或根部受伤而感病,叶片呈现失水青枯,没有明显的病斑边缘,往往是全叶青枯;病部青灰色或绿色,叶片边缘略有皱缩或卷曲(见图10-2)。

在潮湿后早晨有露水情况下,病部表面均有蜜黄色黏性露珠状的菌脓,干燥后如鱼子状小颗粒,易脱落。在病健交界处剪下一小块病组织放在玻璃片上，滴上一滴清水，再用一玻璃片夹紧，约1分钟后对光看，如切口有云雾状雾喷出，即为白叶枯病。也可剪一段6厘米长病叶，插入盛有清水的容器中一昼夜，上端切口如有淡黄色浑浊的水珠溢出，即为白叶病。

图10-1 水稻白叶枯病为害叶片症状

图10-2 水稻白叶枯病田间为害症状

（二）病原

该病是由水稻黄单胞菌细菌引起的。包括白叶枯病菌和条斑病菌两个致病变种，即稻生黄单胞菌和水稻黄单胞菌水稻致病变种，属细菌。水稻白叶枯病菌菌体短杆状，大小（1.0～2.7）微米×（0.5～1.0）微米，单生，单鞭毛，极生或亚极生，长约8.7微米，直径30纳米，革兰氏染色阴性，无芽孢和荚膜，菌体外具黏质的胞外多糖包围。在人工培养基上菌落蜜黄色，产生非水溶性的黄色素，好气性，呼吸型代谢，不同地区的菌株致病力不同。自然条件下，病菌可侵染栽培稻、野生稻、李氏禾、茭白等禾本科植物。病菌血清学鉴定分三个血清型：Ⅰ型是优势型，分布全国。Ⅱ型、Ⅲ型仅存在于南方个别稻区。病菌生长温度17～33℃，最适宜温度25～30℃，最低5℃，最高40℃，病菌最适宜pH为6.5～7.0。

（三）发病原因

高温高湿、多露、台风、暴雨是病害流行条件，稻区长期积水、氮肥过多、生长过旺、土壤酸性都有利于病害发生。一般中稻发病重于晚稻，籼稻重于粳稻。矮秆阔叶品种重于高秆窄叶品种，不耐肥品种重于耐肥品种。水稻在幼穗分化期和孕期易感病。

（四）传播途径

带菌种子、带病稻草和残留田间的病株稻桩是主要初侵染源。李氏禾等田边杂草也能传病。细菌在种子内越冬，播后由叶片水孔、伤口侵入，形成中心病株，病株上分泌带菌的黄色小球，借风雨、露水、灌水、昆虫、人为等因素传播。病菌借灌溉水、风雨传播距离较远，低洼积水、雨涝以及漫灌可引起连片发病。晨露未干时病田内操作会造成带菌扩散。

（五）防治方法

(1) 选用适合当地的 2～3 个主栽抗病品种。

(2) 加强植物检疫，不从病区引种，必须引种时，用 1% 石灰水或 80% 402 抗菌剂 2000 倍液浸种两天或用 50 倍液的福尔马林浸种 3 小时，再闷种 12 小时，洗净后再催芽。

(3) 种子处理。可选用浸种灵乳油 2 毫升，加水 10～12 升，充分搅匀后浸稻种 6～8 千克，浸种 36 小时后催芽播种。

(4) 清理病田稻草残渣，病稻草不直接还田，尽可能防止病稻草上的病原菌传入秧田和本田。搞好秧田管理，培育无病状秧。选好秧田位置，严防淹苗。秧田应选择地势高，无病，排灌方便，远离稻草堆、打谷场和晒场地，连作晚稻秧田还应远离早稻病田。防止串灌、漫灌和长期深水灌溉。防止过多偏施氮肥，还要配施磷、钾肥。

(5) 药剂防治。老病区在台风暴雨来临前或过境后，对病田或感病品种立即全面喷药 1 次，特别是洪涝淹水的田块。用药次数根据病情发展情况和气候条件决定，一般间隔 7～10 天喷1次，发病早的喷2次，发病迟的喷1次。每667平方米用20%叶青双可湿性粉剂100克，70%叶枯净（又称杀枯净）胶悬剂100~150克，或25%叶枯宁可湿性粉剂100克，或10%氯霉素可湿性粉剂100克，或50%代森铵100克（抽穗后不能用），或25%消菌灵可湿性粉剂40克，或15%消菌灵200克，以上药剂加水50升喷雾。

二、水稻条纹叶枯病

水稻条纹叶枯病严重影响水稻产量。我国江苏、浙江、上海和中南、西南的一些省市以及台湾省都先后有发现，有的还相当严重。

（一）症状

苗期发病心叶基部出现褪绿黄白斑，后扩展成与叶脉平行的黄色条纹，条纹间仍保持绿色。不同品种表现不一，糯稻、粳稻和高秆籼稻心叶黄白、柔软、卷曲下垂，成枯心状。矮秆籼稻不呈枯心状，出现黄绿相间条纹，分蘖减少，病株提早枯死。病毒病引起的枯心苗与三化螟为害造成的枯心苗相似，但无蛀孔，无虫粪，不易拔起，别于蝼蛄为害造成的枯心苗。分蘖期发病先在心叶下一叶基部出现褪绿黄斑，后扩展形成不规则黄白色条斑，老叶不显病。籼稻品种不枯心，糯稻品种半数表现枯心。病株常枯孕穗或穗小畸形不实。拔节后发病在剑叶下部出现黄绿色条纹，各类型稻均不枯心，但抽穗畸形，结实很少（见图10-3和图10-4）。

图 10-3　水稻条纹叶枯病初期为害症状　　图 10-4　水稻条纹叶枯病后期为害症状

（二）病原

病原为水稻条纹叶枯病毒，属水稻条纹病毒组（或称柔线病毒组）病毒。病毒粒子丝状，大小 400 纳米×8 纳米，分散于细胞质、液泡和核内，或成颗粒状、砂状等不定形集块，即内含体，似有许多丝状体纠缠而成团。

（三）传播途径

水稻条纹叶枯病病毒仅靠介体昆虫传染，其他途径不传病。介体昆虫主要为灰飞虱，一旦获毒可终身传毒，并经卵传毒，至于白脊飞虱在自然界虽可传毒，但作用不大。最短吸毒时间 10 分钟，循回期 4~23 天，一般 10~15 天。病毒在虫体内增殖，还可经卵传递。病毒侵染禾本科的水稻、小麦、大麦、燕麦、玉米、粟、黍、看麦娘、狗尾草等 50 多种植物。但除水稻外，其他寄主在侵染循环中作用不大。病毒在带毒灰飞体内越冬，成为主要初侵染源。在大、小麦田越冬的若虫，羽化后在原麦田繁殖，然后迁飞至早稻秧田或本田传毒为害并繁殖，早稻收获后，再迁飞至晚稻上为害，晚稻收获后，迁回冬麦上越冬。

（四）发病条件

水稻从苗期到分蘖期易感病。叶龄长，潜育期也较长，随着植株的生长和抗性逐渐增强。条纹叶枯病的发生与灰飞虱发生量、带毒虫率有直接关系。春季气温偏高，降雨少，虫口多发病重。稻、麦两熟区发病重，大麦、双季稻区病害轻。

（五）防治方法

(1) 调整稻田耕作制度和作物布局。成片种植，防止灰飞虱在不同季节、不同熟期和早、晚季作物间迁移传病。忌种插花田，秧田不要与麦田相间。

(2) 种植抗（耐）病品种。因地制宜地选用中国 91、徐稻 2 号、宿辐 2 号、盐粳 20 等。

(3) 调整播期，移栽期避开灰飞虱迁飞期。收割麦子和早稻要背向秧田和大田稻苗，减少灰飞虱迁飞。加强管理，促进分蘖。

(4) 治虫防病，抓住昆虫传毒迁飞前期集中防治。

三、水稻稻曲病

稻曲病又称伪黑穗病，多发生在水稻收成好的年份，农民误认为是丰年征兆，故有"丰收果"俗称。此病在世界大多数稻区都有发生，自 20 世纪 70 年代以来，随着新品种的引进，杂交稻的发展和施肥水平的提高，此病发生有逐年上升之势，不少地方造成较大损失。另外，由于其病粒有毒，若用作饲料，含量达 0.5% 以上时，会引起禽畜慢性中毒，内脏发生病变甚至死亡。

（一）症状

该病只发生于穗部，为害部分谷粒。受害谷粒内形成菌丝块渐膨大，内外颖裂开，露出淡黄色块状物，即孢子座，后包于内外颖两侧，呈黑绿色。起初外包一层薄膜，之后破裂，散生墨绿色粉末，即病菌的厚垣孢子，有的两侧生黑色扁平菌核，风吹雨打易脱落。河北省、长江流域及南方各省稻区时有发生（见图10-5和图10-6）。

图10-5 水稻稻曲病为害穗粒症状

图10-6 水稻稻曲病田间为害症状

（二）病原

病原为稻绿核菌，属半知菌亚门真菌。分生孢子座（6～12）微米×（4～6）微米，表面墨绿色，内层橙黄色，中心白色。分生孢子梗直径2～2.5微米。分生孢子单胞厚壁，表面有瘤突，近球形，大小4～5微米。菌核从分生孢子座生出，长椭圆形，长2～20毫米，在土表萌发产生子座，橙黄色，头部近球形，大小1～3毫米，有长柄，头部外围生子囊壳，子囊壳瓶形，子囊无色，圆筒形，大小180微米×22微米，子囊孢子无色，单胞，线形，大小（120～180）微米×（0.5～1）微米。厚垣孢子墨绿色，球形，表面有瘤状突起，大小（3～5）微米×（4～6）微米。有性态为稻麦角，属子囊菌亚门真菌。

（三）发病原因

在影响发病的诸因素中，水稻品种、施肥和天气条件为主要因素。幼穗自形成至孕穗期，如天气温暖潮湿，偏施氮肥，容易使后期稻株"贪青"；密穗型的品种皆有利发病；杂交稻比常规稻发病重。

（四）传播途径

病菌以落入土中菌核或附于种子上的厚垣孢子的方式越冬。翌年菌核萌发产生厚垣孢子，由厚垣孢子再生小孢子及子囊孢子进行初侵染。气温24～32℃病菌发育良好，26～28℃最适宜，低于12℃或高于36℃病菌不能生长。稻曲病侵染的时期和方式，众说不一，多数认为以水稻孕穗至开花期侵染为主，有的认为厚垣孢子萌发侵入幼芽，随着植株生长侵入花器为害，造成谷粒发病形成稻曲。

（五）防治方法

(1) 选用抗病品种，如南方稻区的广二104、选271、汕优36、扬稻3号、滇粳40号等。北方稻区有京稻选1号、沈农514、丰锦、辽粳10号等发病轻。

(2) 避免病田留种，深耕翻埋菌核。发病时摘除并销毁病粒。

(3) 改进施肥技术，基肥要足，慎用穗肥，采用配方施肥。浅水勤灌，后期见干见湿。

(4) 药剂防治。用2%福尔马林或0.5%硫酸铜浸种3～5小时，然后闷种12小时，用清水冲洗催芽。抽穗前用18%多菌酮粉剂150～200克兑水50升喷洒。此外，也可用50%DT可湿性粉剂100～150克，兑水60～75升，于孕穗期和始穗期各防治一次，效果良好。

四、水稻普通矮缩病

水稻普通矮缩病又称水稻矮缩病、普矮、青矮等，是由水稻普通矮缩病毒经多种叶蝉传毒的病毒病害。主要分布在南方稻区。

(一)症状

水稻在苗期至分蘖期染病后,植株矮缩,分蘖增多,叶片浓绿,僵直,生长后期病稻不能抽穗结实。病叶症状表现为两种类型:白点型和扭曲型。白点型在叶片上或叶鞘上出现与叶脉平行的虚线状黄白色点条斑,以基部最明显。始病叶以上新叶都出现点条,以下老叶一般不出现。扭曲型在光照不足情况下,心叶抽出呈扭曲状,随心叶伸展,叶片边缘出现波状缺刻,色泽淡黄。孕穗期发病,多在剑叶叶片和叶鞘上出现白色点条,穗颈缩短,形成包颈或半包颈穗(见图10-7和图10-8)。

图10-7 水稻普通矮缩病为害叶片症状　　图10-8 水稻普通矮缩病田间为害症状

(二)病原

病原为水稻矮缩病毒,属植物呼肠弧病毒组病毒。病毒粒体为球状多面体,等径对称,大小75纳米,粒体内含有双链核糖核酸。病毒钝化温度40~45℃,稀释限点1000~100000倍,体外存活期48小时。病毒粒体多集中在病叶的褪绿部分。在白色斑点的叶部细胞内,含有近球形内含空泡的X体。

(三)发病原因

带毒虫量是影响该病发生的主要因子。水稻在分蘖期前较易染病。冬春暖、伏秋旱利于发病。稻苗嫩,虫源多,发病重。

(四) 传播途径

该病毒可由黑尾叶蝉、二条黑尾叶蝉和电光叶蝉传播,以黑尾叶蝉为主。带菌叶蝉能终身传毒,可经卵传染。黑尾叶蝉在病稻上吸汗最短获毒时间为5分钟。获毒后需经一段循回期才能传毒,苗期至分蘖期染病的潜育期短,以后随龄期增长而延长。病毒在黑尾叶蝉体内越冬,黑尾叶蝉在看麦娘上以若虫形态越冬,翌年春羽化迁回稻田为害,早稻收割后,迁至晚稻上为害,晚稻收获后,迁至看麦娘、冬稻等38种禾本科植物上越冬。

(五) 防治方法

(1) 选用抗(耐)病品种,如国际26等。

(2) 要成片种植,防止叶蝉在早、晚稻和不同熟性品种上传毒。早稻早收,避免虫源迁入晚稻。收割时要背向晚稻。

(3) 加强管理,促进稻苗早发,提高抗病能力。

(4) 推广化学除草,消灭看麦娘等杂草,压低越冬虫源。

(5) 治虫防病。要及时防治在稻田繁殖的第一代若虫,并要抓住黑尾叶蝉迁飞双季晚稻秧田和本田的高峰期,把虫源消灭在传毒之前。可选用25%噻嗪酮可湿性粉剂,每667平方米225克或35%速虱净乳油100毫升,25%速灭威可湿性粉剂100克,兑水50升喷洒,隔3~5天1次,连防1~3次。

五、水稻烂秧病

水稻烂秧病在我国各水稻产区均有不同程度的发生,尤以长江以南各稻区的早稻育秧发生普遍,严重时可造成秧苗不足,打乱品种布局,延误农时,以致影响当季和下季产量。水稻烂秧是种子、幼芽和幼苗在秧田期死亡(即烂种、烂芽和死苗)的总称,可分为生理性和传染性两大类。

(一)症状

(1)烂种指播种时已丧失发芽力的种子,烂种多属不良环境引起的生理性病害。

(2)烂芽指芽谷播种以后至不完全叶伸出(冒青)期间的根、芽死亡现象。烂芽可分为生理性和传染性两种。①生理性烂芽,比较常见的类型有淤籽、露籽、倒芽、钓鱼钩和黑根。②传染性烂芽,又分为绵腐型和立枯型。

(3)死苗指第一叶完全展开以后的幼苗死亡。在早稻2~3叶时期常发生,以旱育秧最为严重,湿润育秧次之,水育秧较少。①青枯型。死苗的病株最初为叶尖停止吐水,后心叶突然萎蔫,卷成筒状,随后下叶很快失水萎蔫,全株呈污绿色枯死,群众称为"卷0死"。病株根系色泽变暗,根毛稀少。②黄枯型。死苗从下部叶片开始,先由叶尖向叶基逐渐变黄色,再从下部叶片向上延及心叶,最后茎基部变褐软化,全株呈黄褐色枯死,群众称为"剥皮死"。病株根系变暗色,根毛稀少(见图10-9和图10-10)。

图10-9 水稻烂秧病初期为害症状

图10-10 水稻烂秧病后期为害症状

(二)病原

生理性烂秧在低温阴雨,或冷后暴晴,造成水分供应不足时呈现急性的青枯,或长期低温,根系吸收能力差,久之造成黄枯。病原分两类：一类是禾谷镰刀菌，尖孢镰刀菌，立枯丝核菌，稻德氏霉，均属半知菌亚门真菌，导致水稻立枯病。另一类是层出绵霉，稻腐霉，属鞭毛菌亚门真菌，导致水稻绵腐病。禾谷镰刀菌，菌丝初白色，老熟时浅红色，锐角分枝。大型分生孢子镰刀形，稍弯，两端尖，具隔膜3～5个；小型分生孢子椭圆形，单胞无色或生一隔膜。立枯丝核菌，菌丝初无色，老熟时褐色，分枝处有缢缩，附近生一隔膜。层出绵霉菌丝无隔膜，游动孢子囊管状具两游现象。稻腐霉菌丝无隔膜，游动孢子囊丝状或裂瓣状，游动孢子肾脏形，有鞭毛两根，有性态产生单卵球的卵孢子，雄器侧位。

（三）发病原因

生产中低温缺氧易导致发病，寒流、低温阴雨、秧田水深、有机肥未腐熟等条件容易发病。烂种多由储藏期受潮、浸种不透、换水不勤、催芽温度过高或长时间过低所致。烂芽多因秧田水深缺氧或暴热、高温烫芽等引发。青、黄苗枯一般是由于在3叶左右时缺水而造成的，如遇低温袭击，或冷后暴晴则会加快秧苗死亡。

（四）传播途径

导致水稻烂秧，造成立枯和绵腐的病原真菌，均属土壤真菌。土壤真菌能在土壤中长期营腐生活。镰刀菌多以菌丝和厚垣孢子在多种寄主的残体上或土壤中越冬，条件适宜时产生分生孢子，借气流传播。丝核菌以菌丝和菌核在寄主腐残体或土壤中越冬，靠菌丝在幼苗间蔓延传播。另外，普遍存在的腐霉菌，以菌丝或卵孢子在土壤中越冬，条件适宜时产生游动孢子囊，游动孢子借水流传播。

水稻绵腐菌、腐霉菌寄主性弱，只有在稻种有伤口的情况，如种子破损、催芽热伤及冻害等，病菌才能侵入种子或幼苗，然后孢子随着水流扩散传播，若遇有寒潮可造成毁灭性损失。生产中防治此类病害，应考虑两种病因，即将外界环境条件和病原菌同时考虑，才能收到明显的效果。

（五）防治方法

应以提高育秧技术、改善环境条件、增强稻苗抗病力为重点，适时进行药剂防治。

(1)提高秧田质量。秧田位置应选择肥力中等，避风向阳，排灌方便而地势较高的地方。

(2)精选稻谷。种谷要纯、净、健壮，成熟度高。浸种前晒种1~2天，降低种子含水量。

(3)提高浸种催芽技术。浸种要浸透，在催芽过程中要使水分、温度、氧气三者关系协调。

(4)掌握播种质量。根据品种特性，确定播种适期、播种量和秧龄。

(5)科学管理。芽期保持畦面湿润，不能过早上水，以保证扎根的需氧和防止芽鞘徒长。

(6)合理施肥。秧田施足基肥，追肥少量多次，应提高磷、钾肥的比例。

(7)药剂防治。①土壤消毒。绿亨一号用于旱育秧、水育秧和塑料软盘育秧土壤的消毒，是防治烂秧的最佳药剂之一。②对老秧田或灌溉污水的秧田，宜在发病前或发病前期用绿亨二号兑水800~1000倍喷雾，同时可兼治及预防水稻苗叶瘟、水稻纹枯病、水稻恶苗病的发生和流行。

第二节　虫害防治

一、潜叶蝇

潜叶蝇成虫体长 2~3 毫米，青灰色。触角黑色，第 3 节扁平，近椭圆形，具有粗长的触角芒虫 1 根，芒的一侧具有小短毛 5 根；前缘脉有两处断开，无臀室，足灰黑色，中、后足第一跗节基部黄褐色。卵长椭圆形，乳白色，上生细纵纹。末龄幼虫体长 3~4 毫米，圆筒形略扁平，乳白色至乳黄色，尾端具黑褐色气门突起两个。蛹长 3.6 毫米左右，黄褐色，尾端具黑色气门突起两个。

年生 4~5 代，以成虫在水沟边杂草上越冬，翌春多先在田边湿杂草中繁殖一代。秧田揭膜后一代成虫可在秧田稻叶上产卵，在田水深通条件下，卵散产在下垂或平伏水面的叶尖上，生产中深灌或秧苗生长瘦弱时为害较重。从水稻秧田揭膜开始至插秧缓苗期是为害主要时期，为害盛期在 6 月中旬。成虫喜欢在下垂或平伏水面上的叶尖部位产卵，幼虫潜伏在叶片表皮，咬食叶肉，进水腐烂。

防治方法如下：

(1) 插秧前带药。插秧前 1~2 天，用 10% 吡虫啉 3000 倍液或 40% 氧化乐果 1000 倍液，或 100 平方米艾美乐 5~6 克或 25% 阿克泰水分散粒剂 6 克兑水 1.5 升喷雾防治，苗床预防，事半功倍。也可用酷毕 30~40 毫升兑水 1.5 升喷雾或 3% 啶虫脒乳油每亩 30 毫升，兑水 15 千克喷雾防治。保证秧苗带药移栽到本田，防治本田潜叶蝇。

(2) 插秧后喷药。插秧返青后用同样药剂再喷一次。

(3) 适时早插秧。早插秧的稻田，到 6 月上旬已经安全度过返青期,稻苗开始旺盛生长,稻叶直立,并且错开潜叶蝇产卵高峰期。

(4)合理浅灌。插秧后水层实行寸水管理,下雨后的雨水过深要及时排除。

二、稻飞虱

稻飞虱,俗名火蠓虫,以刺吸植株汁液为害水稻等作物。稻飞虱常造成水稻大片死秆倒伏。常见种类有褐飞虱、白背飞虱和灰飞虱。稻飞虱属昆虫纲,同翅目,飞虱科害虫。稻飞虱体形小,触角短锥状,后足胫节末端有一可动的端距。翅透明,常有长翅型和短翅型个体。长翅型成虫体长3.6~4.8毫米,短翅型2.5~4毫米。深色型头顶至前胸、中胸,背板暗褐色,有3条纵隆起线,浅色型体黄褐色。卵呈香蕉状,卵块排列不整齐。老龄若虫体长3.2毫米,体灰白至黄褐色。稻飞虱长翅型成虫均能长距离迁飞。趋光性强,且喜趋嫩绿,但灰飞虱的趋光性稍弱。成虫和若虫均群集在稻丛下部茎秆上刺吸汁液,遇惊扰即跳落水面或逃离。卵多产在稻丛下部叶鞘内,抽穗后或产卵于穗颈部内。

稻飞虱属迁飞性害虫,可以随风雨远距离迁飞繁殖为害。稻飞虱具有暴发性和突发性,是水稻生产的重要害虫。稻飞虱喜欢荫蔽、潮湿的环境,成虫、若虫一般群集在稻丛下部活动,在稻株茎基部刺吸汁液,同时排出大量蜜露,使稻丛基部变黑,叶片发黄干枯。雌虫用产卵管刺裂稻茎的表皮组织,将卵产于组织内。稻株被刺伤处常呈褐色条斑,严重时稻株基部茎秆腐烂,植株枯死,形成一团一团的"黄塘"、"落窝"现象,常造成大片水稻枯黄倒伏,对产量影响极大,轻者减产20%~30%,严重时可减产50%以上,甚至造成颗粒无收。

稻飞虱有两个严重为害期,即7月下旬至8月上旬和9月

模块十 水稻的病虫害综合防治技术

上旬,尤其前期适逢水稻孕穗抽穗期,营养条件好,虫量剧增,可造成严重为害。稻飞虱产卵于近水面的叶鞘中央肥厚部分组织中,每雌虫平均产卵 60～700 粒。稻飞虱有长翅型和短翅型两种,长翅型能远距离迁飞,短翅型不能远距离迁飞,但一旦大量出现,是飞虱暴发的预兆。水稻孕穗至乳熟期,如温度 22～28℃,湿度 80%～85%,有利于飞虱的发生与为害,尤其雨后高温有利于飞虱大发生。地势低洼、偏施氮肥等可促进飞虱的发生和为害。

防治稻飞虱的措施如下:

(1) 清除杂草,可以减少越冬虫源。

(2) 提倡稀植,增加稻田通风透光,适时排水晒田。

(3) 药剂防治,7 月中旬,当平均每丛稻有 10 头虫,并以若虫为主时用药防治。①敌敌畏熏杀。用 50% 敌敌畏乳油 75～100 克/亩,兑水 230～260 克,喷拌在 7.5 千克谷壳(或麦糠)里,均匀撒在排干水的稻田进行熏杀。②喷雾防治。用 50% 叶蝉散可湿性粉剂、30% 氧化乐果乳油或 50% 混灭威乳油稀释 1000～1500 倍液喷雾;用 25% 扑虱灵可湿性粉剂 25～30 克/亩,或 10% 吡虫啉可湿性粉剂 25 克/亩兑水喷雾。要注重喷雾植株的中、下部,且注意保护好蜘蛛、寄生蜂、步行虫、瓢虫、隐翅虫、盲蝽、线虫、蛙类等天敌。③其他防治稻飞虱的药剂。毒死蜱、吡虫啉、马拉硫磷、吡蚜酮、醚菊酯等。

三、负泥虫

负泥虫以幼虫和成虫为害水稻,沿叶脉取食叶肉,造成白色纵痕,重者造成全叶变白,以致破裂、腐烂,造成缺苗,即使存活也将造成水稻迟熟,影响产量。

负泥虫主要发生于水稻幼苗期,以幼虫和成虫取食叶片,沿叶脉取食叶肉，造成叶片有许多白色纵痕条纹。受害重的稻苗枯焦、破裂，甚至全株枯死，即使未死，也会造成晚熟。一般被害叶片上可见背负粪团的头小、背大而粗、多皱纹的乳白色至黄绿色寡足型幼虫。

负泥虫属鞘翅目、叶甲科。幼虫为寡足型，成虫为小甲虫。

（1）幼虫。老熟幼虫体长4～6毫米，头小，黑褐色；胸、腹部为乳白色至黄绿色，体背隆起，多皱褶，自中后胸各节有褐色毛瘤10～11对；肛门向上开口，粪便排出后堆积在虫体背上，故称负泥虫。

（2）成虫。体长4.0～4.5毫米，头黑色，前胸背板淡褐色到红褐色，有金属光泽及细刻点，后部略缢缩；鞘翅青蓝色，有金属光泽，每鞘翅上有纵行刻点4行；前胸腹板、腹部及足附节均为黑色，其他足节为黄至黄褐色。

负泥虫每年发生一代，以成虫在稻田附近的背风、向阳的山坡、田埂、沟边的石块下和禾本科杂草间或根际的土块下越冬。

成虫多在清晨羽化，一般经15小时后即可为害。成虫交尾与产卵多在晴朗的天气下进行，成虫一生可交尾多次，一般交尾后一天即可开始产卵。卵聚产，多排成两行，2～13粒不等，卵多产在叶正面，每一雌虫一生可产卵400～500粒。

幼虫孵出后不久即可取食，在多雾的清晨取食为多，在阳光直射时，则隐蔽在叶背栖息。幼虫期一般为11～19天，老熟后除掉背上的粪堆，然后爬到适宜的叶片或叶鞘上准备化蛹，并化蛹于丝茧中。适宜的发生条件是阴雨连绵、低温高湿的天气。负泥虫的天敌，卵期有负泥虫瘿小蜂；幼虫至蛹期寄生蜂有负泥虫瘦姬蜂、负泥虫金小蜂等。

负泥虫的防治方法如下：

（1）清除害虫越冬场所的杂草，减少虫源。一般于秋春期间铲除稻田附近的向阳坡、田埂、沟渠边的杂草，可消灭部分越冬害虫，减轻为害。

（2）适时插秧。不可过早插秧，尤其离越冬场所近的稻田更不宜过早插秧，以避免稻田过早受害。

（3）药剂防治。插秧后应经常对稻苗进行虫情调查，一旦发现有成虫为害，并有加重趋势时，就应进行喷药。如成虫为害不重，但幼虫开始为害并有加重趋势时，亦进行喷药防治。使用药剂如下：90%晶体敌百虫，每公顷1500～2250克，加水喷雾；80%敌敌畏乳油，每公顷1500～2250毫升，加水喷雾；50%杀螟硫磷乳油，每公顷1125～1500毫升，加水喷雾。

四、二化螟

二化螟属鳞翅目，螟蛾科，俗名钻心虫，蛀心虫、蛀秆虫等。是对水稻为害最为严重的常发性害虫之一，在分蘖期受害可造成枯鞘、枯心苗；在穗期受害可造成虫伤株和白穗，一般年份减产3%～5%，严重时减产达3成以上。主要以幼虫为害水稻，初孵幼虫群集叶鞘内为害，造成枯鞘；3龄以后幼虫蛀入稻株内为害，水稻分蘖期造成枯心苗；孕穗期造成枯孕穗；抽穗期造成白穗；成熟期造成虫伤株。成虫翅展雄性约20毫米，雌性25～28毫米。头部淡灰褐色，额白色至烟色，圆形，顶端尖；胸部和翅基片白色至灰白，并带褐色；前翅黄褐至暗褐色，中室先端有紫黑斑点，中室下方有3个斑排成斜线；前翅外缘有7个黑点；后翅白色，靠近翅外缘稍带褐色。雌虫体色比雄虫稍淡。幼虫越冬主要在稻田内。越冬期如遇浸水则易死亡，每年发生一代。

防治方法：采取防、避、治相结合的防治策略，以农业防治为基础，在掌握害虫发生期、发生量和为害程度的基础上合理施用化学农药。

（1）农业防治。主要采取消灭越冬虫源、灌水灭虫、避害等措施。稻草在化蛹前做燃料处理，烧死幼虫和蛹。化蛹高峰至蛾始盛期，灌水淹没稻桩3~5天，能淹死大部分老熟幼虫和蛹，减少发生基数。

（2）药剂防治。在生产中使用较多的药剂品种是杀虫双、杀虫单、三唑磷等。一般每亩用78%精虫杀手可溶性粉剂40~50克，或80%杀虫单粉剂35~40克，或25%杀虫双水剂200~250毫升，或20%三唑磷乳油100毫升，兑水40~50升喷雾，或兑水200升泼浇或400升大水量泼浇。或者每亩用5%锐劲特（氟虫腈）悬浮剂30~40毫升，兑水40~50升喷雾。由于锐劲特的价格较贵，可以与其他农药如三唑磷等混用，如每亩用21%三唑磷·氟虫腈乳油70毫升等，兑水40~50升喷雾防治。施药期间保持深3~5厘米浅水层3~5天，可提高防治效果。

五、稻水象甲

稻水象甲又名稻水象、稻根象。稻水象甲为全国二类检疫性害虫，原产北美洲。1988年首次在我国发现。

稻水象甲成虫长2.6~3.8毫米，喙与前胸背板几乎等长，稍弯，扁圆筒形。前胸背板宽。鞘翅侧缘平行，比前胸背板宽，肩斜，鞘翅端半部行间上有瘤突。雌虫后足胫节有前锐突和锐突，锐突长而尖，雄虫仅有短粗的两叉形锐突。蛹长约3毫米，白色。幼虫体白色，头黄褐色。卵圆柱形，两端圆。

传播途径和危害：稻水象甲随稻秧、稻谷、稻草及其制品、其他寄主植物、交通工具等传播。此外，还可随水流传播。寄主种类多，为害面广。成虫蚕食叶片，幼虫为害水稻根部。为害秧苗时，可将稻秧根部吃光。

模块十 水稻的病虫害综合防治技术

成虫在地面枯草上越冬,3月下旬交配产卵。卵多产于浸水的叶鞘内。初孵幼虫仅在叶鞘内取食,后进入根部取食。羽化成虫从附着在根部上面的蛹室爬出,取食稻叶或杂草的叶片。成虫平均寿命76天,雌虫寿命更长,可达156天。虫害严重时虫口密度可达每平方米200头以上。

稻田秋耕灭茬可大大降低田间越冬成虫的成活率。结合积肥和田间管理,清除杂草,以消灭越冬成虫。水稻收获后要及时翻耕土地,可降低成虫越冬存活率。保护青蛙、蟾蜍、蜘蛛、蚂蚁、鱼类等害虫的天敌。应用白僵菌和线虫对成虫防治有效。施药品种以选用除虫菊酯类农药为宜。严禁从疫区调运可携带传播该虫的物品。对来自疫区的交通工具、包装填充材料应严格检查,必要时做灭虫处理。

六、稻纵卷叶螟

稻纵卷叶螟属鳞翅目,螟蛾科。以幼虫为害水稻,缀叶成纵苞,躲藏其中取食上表皮及叶肉,仅留白色下表皮。苗期受害影响水稻正常生长,甚至枯死;分蘖期至拔节期受害,分蘖减少,植株缩短,生育期推迟;孕穗后期特别是从抽穗到齐穗期剑叶被害,影响开花结实,空壳率提高,千粒重下降。成虫体长7~9毫米,淡黄褐色,前翅有两条褐色横线,两线间有一条短线,外缘有暗褐色宽带;后翅有两条横线,外缘亦有宽带;雄蛾前翅前缘中部,有闪光而凹陷的"眼点",雌蛾前翅则无"眼点"。卵长约1毫米,椭圆形,扁平而中稍隆起,初产白色透明,近孵化时为淡黄色,被寄生卵为黑色。幼虫老熟时长14~19毫米,低龄幼虫绿色,后转黄绿色,成熟幼虫为橘色。蛹长7~10毫米,初黄色,后转褐色,长圆筒形。

稻纵卷叶螟是一种迁飞性害虫,由南方迁入。该虫的成虫有趋光性,喜荫蔽和潮湿,且能长距离迁飞。白天栖于荫蔽、潮湿的作物田。成虫羽化后 2 天常选择生长茂密的稻田产卵，历时 3~4 天，卵散产，少数 2~5 粒相连。每只雌虫产卵量 40~50 粒，最多 150 粒以上。产卵位置因水稻生育期而异。卵多产在叶片中脉附近。1 龄幼虫在分蘖期爬入心叶或嫩叶鞘内侧啃食。在孕穗抽穗期，则爬至老虫苞或嫩叶鞘内侧啃食。2 龄幼虫可将叶尖卷成小虫苞，然后叶丝纵卷稻叶形成新的虫苞，幼虫潜藏虫苞内啃食。幼虫蜕皮前，常转移至新叶重新作苞。4 龄、5 龄幼虫食量占总取食量的 95% 左右，为害最大。每只幼虫一生可卷叶 5~6 片，多的达 9~10 片。老熟幼虫在稻丛基部的黄叶或无效分蘖的嫩叶苞中化蛹，有的在稻丛间，少数在老虫苞中。

稻纵卷叶螟的防治方法：

(1) 农业防治。选用抗（耐）虫水稻品种，合理施肥，使水稻生长发育健壮，防止前期猛发旺长，后期恋青迟熟。科学管水，适当调节搁田时间，降低幼虫孵化期田间湿度，或在化蛹高峰期灌深水 2~3 天，杀死虫蛹。

(2) 化学防治。根据水稻分蘖期和穗期易受稻纵卷叶螟为害，尤其是穗期损失更大的特点，药剂防治的策略应重点防治穗期受害代，不放松分蘖期为害严重代的原则。药剂防治稻纵卷叶螟施药时期应根据不同农药残效长短略有变化，杀虫效力强而残效较短的农药在孵化高峰后 1~3 天施药，残效较长的可在孵化高峰前或高峰后 1~3 天施药。但在生产中应根据实际，结合其他病虫害的防治，灵活掌握。

参考实用药剂如下：

(1) 得力士（20 亿单位棉铃虫核型多角体病毒，江西正邦生化有限公司）。

(2) 金爱维丁（5% 阿维菌素乳油）。

(3) 乐斯本（48% 毒死蜱乳油，陶氏益农）。

(4) 5%氟铃脲乳油。

(5) 10%氟铃·毒死蜱乳油。

(6) 康坤(3.2%阿维菌素微乳剂)。

使用化学药剂防治时应注意轮换和混配用药，不同区域使用药剂请咨询当地植保技术专家。

七、稻蝗

稻蝗成虫体长 30～44 毫米，雌大雄小，黄绿色或黄褐色，复眼灰色，触角褐色，丝状，头部两侧复眼后方各有深褐色纵纹 1 条，直达前胸背板后缘。雄虫尾须近圆锥形，雌虫下生殖板表面向外突出，卵长约 4 毫米，长圆筒形，中部稍弯，两端钝圆，深黄色，由平均 30 多粒卵、不很整齐地斜排成卵块，卵块处包有坚韧胶质物的卵囊；若虫称蝗蝻，形似成虫，一般 6 龄。

成虫和若虫都吃食稻叶，严重的吃光全叶；穗期，会咬伤、咬断穗颈，咬坏谷粒，形成白穗、秕谷和缺粒等。稻蝗以卵在土中越冬。卵产于田埂、沟边、湖边以及荒草地和堤岸等潮湿、疏松的表土中，深约 1.2～1.6 厘米。产卵的多少与地表的状况有关，一般低湿地比高燥处多，草地比无草地多，杂草丛生处比稀草处多，沙质土比黏质土多。若虫初孵时先集中在杂草或田边稻株上取食，3 龄后活动力增强，向田中迁移为害。

稻蝗的防治方法：

(1) 因为稻蝗喜在田埂、地头、渠旁产卵。虫害发生严重的地区，应组织人力铲埂、翻埂杀灭蝗卵，具有明显效果。

(2) 保护青蛙、蟾蜍，可有效抑制该虫发生。

(3) 抓住 3 龄前稻蝗群集在田埂、地边、渠旁取食杂草嫩叶的特点，突击防治。当进入 3～4 龄后常转入大田，当百株

水稻规模生产与管理

有虫10头以上时，应及时喷洒50％辛硫磷乳油，或50％马拉硫磷乳油，或20％氰戊菊酯乳油、2.5％功夫菊酯乳油2000～3000倍液，40％乐果乳油1000倍液、2.5％氯氰灵乳油1000～2000倍液，均可取得较好的防治效果。

第三节　杂草防除

稻田杂草种类：单子叶植物有禾本科，双子叶植物有莎草科、雨久花科、眼子菜科杂草最多，主要杂草有稗草（单子叶）和牛毛草、鸭舌草、野慈姑、萤蔺、蓟草、眼子菜（双子叶）等。

一、除草方法

当前的除草方法有化学除草、生物除草和人工除草等。

（1）化学除草。化学除草中除草的方法和机制不同，可分为田间封闭除草和叶面喷施除草；也可分为内吸性除草和触杀性除草等。目前常用的除草剂中丁草胺是典型的触杀性除草剂，用于封闭除草；草克星、威农、西草净、本达松、二甲四氯钠盐等是用于封闭除草和叶面喷施的内吸性除草剂。

（2）生物除草。利用生物除草，既可以减少除草剂对环境的污染，又有利于自然界的生态平衡，因而近几年日益引起人们的重视。到目前为止稻田生物除草的方法有稻田养鱼技术、稻田养蟹技术、稻田养鸭技术等。其中稻田养鸭（稻鸭共育）技术效果最好，技术简便，成本最低，效益最好，成为稻田除草的主要技术。

（3）人工除草。人工除草是传统的除草技术，是在药剂除草和生物除草无效的前提下的一种补救措施。

二、除草剂

1. 丁草胺

丁草胺又名去草胺、杀草特、马歇特,属酰胺类选择性芽期土壤封闭除草剂。主要通过杂草幼芽和幼小的次生根吸收。防除稗草、稻稗、异型莎草、雨久花等以种子萌发的禾本科杂草、一年生莎草及一年生阔叶杂草;对三棱草(扁秆藨草、日本藨草、三棱藨草)、野慈姑、泽泻、眼子菜等多年生杂草无效。丁草胺只用于插秧本田(新马歇特除外),插秧前插秧后均可使用。一般在水稻插秧前2~3天,插秧后5~7天,每公顷用60%乳油1950~2250毫升,用喷雾、毒土、泼水法均可施用。施药时保持水层3~5厘米,保水5~7天。施药后大幅度降温,苗小、苗弱或水深淹没水稻心叶时易产生药害,稻苗表现为叶色深绿、蹲苗,心叶和分蘖发生慢。进口丁草胺(马歇特、罗地欧)的安全性好于国产丁草胺。丁草胺持效期较长,一般为30~40天。新马歇特是由马歇特加高效安全剂制成的新型制剂,因加入安全剂从而大大提高了使用的安全性,但由于成本较高,推荐在水稻育秧田使用,是目前黑龙江省新推出的水稻育秧田用于苗床封闭的优良除草剂。使用方法为育苗床播种覆土后,一袋15毫升用50~60平方米苗床,配成药液均匀喷洒,或配成毒土均匀撒施。罗地欧是马歇特的改进剂型,将原来的乳油改进为水乳剂,水乳剂在水中溶解度高于乳油,所以药剂在水中均匀分布,附着力、渗透力更强,从而提高药效。水乳剂用水做溶剂,含二甲苯少,可减少对环境的污染。使用技术同丁草胺。

2. 农得时

农得时,国产称为苄嘧磺隆、苄磺隆,对阔叶草和莎草科有较好的防治效果,对稗草基本无效,为低毒除草剂。有内吸传导性,在水中迅速扩散,为杂草根部或叶片吸收,转移到杂草各部,使之坏死。防除一年生和多年生阔叶杂草及莎草科杂草,如泽泻、水苋菜、鸭舌草、陌上菜、节节菜、眼子菜、矮慈姑、巨型慈姑、异型莎草、碎米莎草、飘拂草、水莎草、牛毛毡等,对稗草也有一定抑制作用。为彻底防除阔叶杂草、莎草和稗草,可与杀稗药剂(丁草胺、杀草丹、禾大壮二氯喹啉酸等)混用,不仅扩大杀草谱,还能提高粳稻的耐药力,气温在25℃以上时可提高除草效果。插秧前或插秧后均可用药,最好在插秧后两周内施药。每公顷用10%可湿性粉剂300~450克兑水喷雾或用毒土(沙)法施药,用药后保持4~6厘米水层3~5天,待自然落干后再转入正常管理,或每公顷施200~400克10%可湿性粉剂和1000~2000毫升96%禾大壮乳油;每公顷施200~400克10%可湿性粉剂和750~200毫升60%丁草胺乳油。

因农得时活性高、用量低,使用时对药量要称准确;田块应耙平,以防露水地块药效不好;插秧田,施药时水层达3~5厘米,可保持5天,此期间只能续灌,不能排水;对阔叶作物和树木敏感,应避免接触。

3. 草克星

草克星又名韩乐星、吡嘧磺隆,对水稻安全,可有效防除稗草、稻李氏禾、牛毛毡、水莎草、异型莎草、鸭舌草、雨久花、窄叶泽泻、泽泻、矮慈姑、野慈姑、眼子菜、萤蔺、紫萍、浮萍、狼把草、浮生水马齿、毋草、轮藻、小茨藻、三等沟繁缕、虻眼、鳢肠、节节菜、水芹等。

除上述杂草外,两次施药有较好药效的有扁秆藨草、日本藨草(三江藨草)、藨草。在稗草1.5叶期以前施药,每公顷用10%草克星150~300克,根据当地草情和条件增减药量。

移栽田:水稻移栽前至移栽后20天均可施药,防治稗草时，在稗草 1.5 叶期以前施药，并需高药量。

根据杂草发生的种类，草克星可单用，采用高药量。为降低成本，草克星可与除稗剂混用，在多年生莎草科杂草如扁秆藨草、日本藨草发生密度较小时，采用两次施药。混用要考虑的因素是杂草发生时间，在阔叶杂草发生高峰期相距 15～20 天，草克星在水田中持有效期 3 个月以上，因此对阔叶杂草有良好的防效作用。对多年生阔叶杂草的防治效果晚施药比早施药效果好，晚施药气温高，吸收传导快，赶在阔叶杂草发生高峰期施药效果更好。

老稻田防治莎草科难治扁秆藨草、日本藨草等杂草，水稻插秧前 5～7 天扁秆藨草、日本藨草株高 7 厘米前，每公顷用 10％草克星 150 克与阿罗津、艾割、苯噻草胺、马歇特、瑞飞特混用。

草克星单用或与禾大壮、广灭灵混用采用毒土法施药，先用少量水将草克星溶解，再与细沙或细土混拌均匀，每公顷用细沙或细土 225～300 千克，均匀撒入田间。禾大壮与快杀稗混用采用喷雾法施药，施药前两天保持浅水层，使杂草露出水面，喷液量人工每公顷 300～400 升，施药后放水回田。草克星单用或混用施药后稳定水层 3～5 厘米，保持 7～10 天。

草克星与快杀稗或二氯喹啉酸混用采用喷雾法施药，人工喷液量为每公顷 300～400 升，飞机喷液量为 20～30 升，施药前两天保持浅水层，使杂草露出水面，施药后两天放水回田。草克星与禾大壮、艾割、阿罗津、稻思达、马歇特、瑞飞特混用，采用毒土法施药，施药前先将草克星加少量水溶解，然后倒入细沙或细土中，沙或土每公顷 225～300 千克，充分拌匀再均匀撒入稻田。施药时水层控制在 3～5 厘米，以不淹没稻苗心叶为准，施药后保持同样水层 7～10 天，缺水补水，保水期越长，药效越好。

4. 苯达松

苯达松又名排草丹、灭草松，触杀性除草剂。对阔叶草和莎草科有特效，有效防除雨久花、鸭舌草、白水八角、毋草、牛毛毡、萤蔺、异型莎草、荆三棱、狼把草、野慈姑、泽泻、水莎草、紧穗莎草、鸭跖草等。苯达松对水稻安全。一般在阔叶草和莎草科3～5叶期，宜在无风天，排干水后每公顷施用48%水剂3000毫升，兑水喷雾，用药后1～2天灌水。

5. 西草净

西草净别名西散净、西散津，难溶于水，易溶于有机溶剂。属三氮苯类内吸传导型选择性除草剂，能通过根、叶吸收并传导全株，抑制杂草的光合作用，使杂草死亡。主要用于防除眼子菜，所以多用于水稻中期防除以眼子菜为主的杂草。

另外可有效防除稗草、牛毛草、眼子菜、泽泻、野慈姑、毋草、小慈姑等杂草。与杀草丹、丁草胺、禾大壮等除草剂混用，可扩大杀草谱。

水稻移栽后15～20天，眼子菜发生盛期，叶片大部分由红转绿时，无风天用毒土法。每公顷用25%可湿性粉剂2200～3000克，混细土20千克左右，均匀撒施。施药时水层2～5厘米，保持5～7天，亦可防除2叶前稗草和阔叶杂草。

注意事项：①施药时温度应在30℃以下，超过30℃易产生药害。②要求土地平整，用药均匀。

6. 药剂混用

现在用的除草剂大部分都是用以上的药剂为基础的混配合剂，一般都采用丁草胺+农得时、丁草胺+草克星、丁草胺+西草净混配的办法，一次性防除多种杂草。由于此种用法应用多年，阔叶草和莎草科杂草有蔓延的趋势。因此，在用药安全的前提下，采取插秧前先用丁草胺每公顷1500毫升封闭，插秧后10天左右再施丁草胺+农得时（草克星）合剂，或在插秧后 13～15 天阔叶草出来前,每公顷施农得时和草克星各 150 克的混配制剂;如果阔叶草已长出时,用草克星 300 克加 2,4-D-丁酯 150 毫升撒水喷雾的办法防治阔叶草效果很好。喷施除草剂时一定要保证用量不宜过大,否则容易出现药害。

三、化学除草的方法

1. 稻稗的防除

一年生禾本科杂草,水稻的伴生植物。由于人类对水稻进行灌水、施肥、中耕除草,收获后进行脱粒、风选等措施,使其具有发达的根系、喜水喜肥、密蘖型的分蘖方式,叶片垂直生长、叶鞘呈青绿色、种子较大;无论其幼苗、成株及种子都能与水稻相混杂,长期为害水稻。其他特性与稗相似。仅见于稻田中,是水稻田中较为严重的草害。株高 70～100 厘米。与稗草相比稻稗的明显特征是:稻稗叶片与叶鞘的连接处有一圈纤细的绒毛(稗草没有绒毛)。5～6 月地温稳定在 10 ℃ 左右发芽出苗,幼苗初期生长缓慢,至 4～5 片叶时迅速生长。幼苗期稻稗的形态、习性类似水稻,且发生期较长,防除难度大,是水稻田主要杂草。

防除稻稗应采取农艺措施和化学除草相结合的方法。

(1)农艺措施。一是建立地平沟畅、保水性好、灌溉自如的水稻生产环境;二是结合种子处理清除有杂草的种子,并结合耕翻、整地,消灭土表的杂草种子;三是实行定期的水旱轮作,减少杂草的发生;四是提高播种的质量,一播全苗,以苗压草。

(2)药剂防治。小苗移栽的秧苗叶龄小,3～4 叶,苗较嫩弱,这时就需要选择对小苗安全、对根系无伤害以及单双兼除的除草剂品种。于抛栽后 3～5 天每亩用快达(53% 苄嘧·苯噻酰 WP)40～50 克,拌细土、沙、肥等进行均匀撒施,施药时有 3～5 厘米浅水层，药后保持 3～5 天。既对秧苗安全，又对清除杂草有效，同时具有既除草又增产的特点（克服丁草胺复配剂除草不增产的弱点）。对于大苗移栽的田块，由于大苗（一般为 5～6 叶）苗体强壮，对药剂的要求不高，选择的品种也较多，如丁草胺、乙草胺、丙草胺、异丙甲草胺、苯噻酰草胺等单剂或复配剂均可使用。但是从生产实践看，选择苯噻酰草胺、苄嘧·苯噻酰、吡嘧·苯噻酰系列较为有效，具有既除草又增产的特点。

2. 牛毛毡的防除

牛毛毡（牛毛草、萤蔺、水葱）为莎草科荸荠属杂草。多年生草本。具有纤细线形匍匐根状茎。秆密丛生，纤细如牛毛，密生成毡。叶鳞片状，叶鞘管状。小穗纤细，卵形或狭长圆形，稍扁，长 2～5 毫米，有淡紫色花数朵。小坚果狭倒卵状，长圆形，草黄色，表面具有隆起的横长方形网纹，以根茎和种子繁殖。

应用的除草剂主要有农得时、草克星、新得力、苯达松等。

牛毛毡多生于水稻田或湿地，水稻受害较重。对发生在水稻抛秧田或插秧田的牛毛毡，可采用如下化学除草技术。

（1）土壤处理。10% 农得时可湿性粉剂在插秧后 5～7 天，用药肥法或药土法施药。施药时田里必须有 3～4 厘米深的水层，施药后保持水层 5～7 天。此后按常规管理。

每亩用 10% 草克星可湿性粉剂 10～15 克，在插秧后 7～10 天施药。或每亩用 10% 新得力可湿性粉剂 6～10 克，在插秧后 5～7 天施药。施药方法与上述农得时相同。

混合除草剂主要是丁草胺与农得时混剂（丁苄混剂）、快杀稗与农得时混剂（二氯苄混剂）、快杀稗与草克星混剂等。施药时间及方法也与上述农得时相同。

（2）茎叶处理。在插秧后 15～20 天，当田里长有大量的牛毛毡和其他莎草科杂草以及阔叶杂草的草苗时，可采取茎叶处理。适用的除草剂及其每亩用药量为：25％苯达松水剂 250～300 毫升；48％苯达松水剂 100～150 毫升；10％农得时可湿性粉剂 20 克，兑水 30 千克。用喷施法施药，施药前 1～2 天排掉田水，施药后 1～2 天复水 4～5 厘米深并保持水层 5～7 天，此后按常规管理。

3. 眼子菜的防除

眼子菜又称案板芽、水上漂，系眼子菜科。眼子菜属多年生水生草本，是为害水稻生产的恶性杂草，它可通过根茎和种子繁殖。

形态特征：眼子菜幼苗子叶针状，下胚轴不甚发达，初生叶带状披针形，先端急尖或锐尖，全缘。后生叶叶片有 3 条明显叶脉。成株有匍匐的根状茎，茎细长。浮水叶互生，长圆形或宽椭圆形，略带革质，先端急尖或锐而具突尖，全缘，有平行的侧脉 7～9 对；叶柄细长，托叶膜质透明，披针形，抱茎；沉水叶互生，叶片线状长圆形或线状椭圆形，有长柄。花和子实花序生于枝梢叶腋，基部有长圆状披针形的佛焰苞；穗状花序圆柱形，花密集。小坚果倒卵形，略偏斜，背部有 3 条脊棱，中间的一条有翅状突起，果顶有短喙。当果实成熟后散落水中，由于外果皮疏松，储有空气，因之浮于水面，借水田排灌时传播果实；营养生长前期由根状茎上的芽发育成新的根状茎及地面的茎叶。

农田危害防治：由于该杂草生命力强，人工铲除费工、费时，效果不佳，很难达到灭草增产的预期目的，常影响水稻的产量和品质，重害田将减产 30％以上。采用化学药剂防除，有除效高、成本低、节时、省工的优点，只要正确掌握化学除草技术，适时施药，就能达到不伤秧苗只杀杂草的预期目的。

防除眼子菜应采取化学除草的方法。

药剂防治。施药时期和方法通常在水稻分蘖盛期至末期（栽秧后 20~30 天），眼子菜基本出齐，大部分叶片由茶色转为绿色时是施药的最佳时期。适时准确地施药是保证药效的关键。施药采用浅水层毒土法均匀撒施，施药后 7~10 天内保持浅水层 7~8 厘米。若田水干了可适当补充。施药后 15 天内不能下田搅动泥层，以免发生药害。应用方法：水稻插秧后，每亩用 50% 排草净乳油 75~100 毫升或 10% 农得时可湿性粉剂 30~40 克毒土法施药，保持水层 5 天；眼子菜在 5 叶期以前，叶片由红转绿时，可用 25% 西草净可湿性粉剂每亩 150~200 克毒土法施药，保持水层 3~5 厘米，要注意水层深度不宜过深。

4. 野慈姑的防除

野慈姑别名水慈姑、狭叶慈姑、三脚剪、水芋。为慈姑的变种，多年生草本植物，与慈姑相比较，野慈姑植株较矮，叶片较小，而且薄。野慈姑为多年生水生植物，高 50~100 厘米，根状茎横生，较粗壮，顶端膨大成球茎，长 2~4 厘米，径约 1 厘米，土黄色。基生叶簇生，叶形变化极大，多数为狭箭形，通常顶裂片短于侧裂片，顶端裂片长 4~9 厘米，宽 1~2 厘米，基部裂片长 4~18 厘米，宽 6~11 毫米。顶裂片与侧裂片之间缢缩，叶柄粗壮，长 20~40 厘米，基部扩大成鞘状，边缘膜质。7~10 月开花，花梗直立，高 20~70 厘米，粗壮，总状花序或圆锥形花序，花白色，雌雄同株。10~11 月结果，同时形成地下球茎，种子褐色。霜冻后地上部分枯死。

在水稻分蘖盛期（插秧后 15~20 天）发生，可选用下列药剂之一进行防治。

(1) 每亩用 48% 苯达松水剂 70~100 毫升或 70% 二甲四氯

钠盐30~50克。

（2）每亩用50%捕草净粉剂50~100克或25%西草净粉剂100~200克。

（3）每亩用25%西草净粉剂70~100克加96%禾大壮乳油150克。

（4）每亩用78.4%禾田净乳油150~300毫升拌细沙或细潮土撒施。

5. 三棱草的防除

三棱草是多年生莎草科杂草的统称，通常指扁秆藨草、日本藨草和三棱藨草，因其以根茎及球茎繁殖体的为害为重，一般除草剂只能杀死三棱草的地上部分。三棱草株高可达1.5米，茎三棱型，轮生长矛状叶，顶端生棕色花，结果后逐渐变黄；生长于各地的水地带。有喙红苞薹多年生草本。根茎短，横生。秆簇生，高20~60厘米，三棱形。叶片线形，常与秆等长，宽约6毫米，有叶鞘。花单性，雌雄同株；花序通常长10~15厘米；小穗3~10个，雄性小穗顶生，稍纤弱，长2~5厘米；雌性小穗侧生，圆柱形，长2.5~5厘米；鳞片覆瓦状排列，雌花的鳞片卵形，淡褐色，有脉3条，脊延伸成一长尖头；雄蕊3，花柱2裂；囊苞卵形，有短喙，褐色。小坚果淡褐色，三棱形。

三棱草的防除方法如下：

（1）插秧后防除。插秧后25天可用30%威农可湿性粉剂15克毒土法二次施药。

（2）水稻有效分蘖末期。每亩用38%欧特可湿性粉剂10~12克或46%莎阔丹水剂133~167毫升（有效成分61~77克），喷液量每亩用15~40升或每亩用48%苯达松水剂150~200毫升加20千克水喷洒。喷药前一天撤干田水，施药后24小时复水，保持水层5天。

6. 水绵的防除

水绵,藻类,营养细胞宽 18～26 微米,长 32～150 微米(最长可达 243 微米);横壁平直,有一带色素体,呈 1～3 螺旋;梯形接合及侧面接合,接合管由雌雄两配子囊形成;接合孢子囊圆柱形或略胀大,接合孢子椭圆形,罕为柱状椭圆形,两端略尖,宽 18～26 微米,长 36～78 微米;中胞壁平滑,成熟后黄色。藻体是由一列圆柱状细胞连成的不分枝的丝状体。由于藻体表面有较多的果胶质,所以用手触摸时颇觉黏滑。

水绵的防除方法如下:

(1)水稻移栽后 7～15 天,每亩用 10% 太阳星水分散粒剂 15 克或 26% 米全可湿性粉剂 60 克毒土法施药,施药后保持水层 5 天。

(2)水稻移栽后 7～9 天,每亩用 96% 晶体硫酸铜粉 250 克,兑水均匀泼浇田内,施药后保持水层 5 天。

(3)在水稻田水绵盛发期,可用干燥的草木灰扬撒于水绵发生的点片,撒后要求保水 5 天。

四、水田主要除草剂药害、症状及预防

1. 丁草胺类

药害产生的原因:丁草胺过量施用或施药不均匀或施药时水层过深淹没水稻心叶均可产生不同程度的药害。

症状:轻度药害植株轻度矮缩,叶色稍褪绿;中度植株矮缩,叶色明显褪绿,分蘖受抑制;重度药害植株矮缩,叶片颜色加深,呈深绿色,无分蘖。轻度药害对水稻生育和产量无明显影响,中度和重度药害使水稻生育受抑制,植株矮缩,分蘖停止,减产显著。

药害的预防与缓解:控制施药量,施药时田间保持适宜水

层(3~4厘米),防止水深淹没水稻心叶或断水,出现药害可用清水冲洗多次,喷施优质叶面肥加芸薹素内酯类植物生长调节剂。

2. 莎稗磷类

药害产生的原因:施药量过高,施药不均匀,田块不平整,水层过深,均可出现不同程度的药害。

症状:轻度药害稻苗生长受抑制,秧苗生长较差;中度和重度药害部分叶枯黄,甚至死亡。轻度药害可逐渐恢复生长,对水稻生育和产量影响较小;中度和重度药害会严重抑制水稻生长,甚至造成稻苗枯死,严重影响产量。

药害的预防与缓解:严格掌握施药量,施药时保持田面平整,防止水深淹没水稻心叶,出现药害要用清水冲洗多次,喷施速效优质叶面肥加芸薹素内酯类植物生长调节剂。

3. 丙草胺类

药害产生的原因:施药量过大,施药不均匀,均可造成不同程度的药害。

症状:轻度药害叶色褪绿;中度和重度药害水稻心叶卷曲,植物生长受抑制,分蘖减少。轻度药害对水稻生育和产量无明显影响;中度或重度药害抑制水稻生育,植株矮缩,影响分蘖。

药害的预防与缓解:控制好施药量,施药要均匀,施药时保持适宜水层,掌握好用药时间,出现药害可用清水冲洗,喷施速效优质叶面肥加芸薹素内酯类植物生长调节剂。

4. 苯噻酰草胺类

药害产生的原因:过量施药或施药不均匀可产生不同程度的药害,水稻芽期药害严重。

症状:轻度药害植株轻度矮缩,叶色稍褪绿;中度和重度药害植株矮缩，叶色褪绿。芽期药害植株严重矮缩，叶色深绿，生长停滞。苯噻酰草胺轻度药害对水稻生育和产量无明显影响，中度药害和重度药害使水稻生育受抑制，植株矮缩，导致减产。

药害的预防与缓解：控制施药量，避免芽期施药，正常施药时田间应保持适宜水层，出现药害可用清水冲洗多次，喷施优质叶面肥加芸薹素内酯类植物生长调节剂。

5. 恶草酮类

药害产生的原因：水稻插秧田插后水层淹过心叶，过量施药或施药不均匀，均可产生不同程度的药害。

症状：轻度药害植株轻度矮缩，叶色轻度褪绿；中度药害植株矮缩，叶色褪绿变黄，叶鞘有褐斑枯黄；重度药害植株明显矮缩，叶色褪绿，老叶枯黄，叶鞘明显枯黄，分蘖受抑制。轻度药害对水稻生育和产量无明显影响；中度和重度药害使水稻生育受抑制，植株矮缩，分蘖停止，明显减产。

药害的预防与缓解：用于插秧田插前施药必须于插秧前2~3天选择无大风天施药，田面必须平整，严格控制施药量，出现药害可用清水反复冲洗，喷施速效优质叶面肥加芸薹素内酯类植物生长调节剂。

6. 丙炔恶草酮类

药害产生的原因：过量施药或施药不均匀，均可产生不同程度的药害。

症状：轻度药害植株矮缩，叶色褪绿，叶鞘有褐斑或枯黄斑；中度药害植株明显矮缩，叶鞘有褐斑，枯黄，心叶抽出受抑制；重度药害植株严重矮缩，分蘖受抑制，除心叶外其余叶片全部枯死。轻度药害对水稻生育和产量无明显影响；中度和重度药害使水稻生育受抑制，植株矮缩，分蘖停止，叶片枯死，减产严重。

药害的预防与缓解：严格控制施药量，出现药害可用清水冲洗多次，喷施速效优质叶面肥加芸薹素内酯类植物生长调节剂。

7. 敌稗类

药害产生的原因：遇高温或对弱苗均可产生不同程度的药害。

症状：轻度药害植株稍矮；中度药害植株明显矮缩，叶色黄，心叶不能抽出，分蘖受抑制；重度药害植株明显矮缩，叶片严重褪绿，部分老叶枯黄，分蘖明显受抑制。轻度药害对水稻生育和产量无明显影响，中度和重度药害使水稻生育受抑制，植株矮缩，分蘖停止，减产显著。

药害的预防与缓解：控制施药量，施药时田间保持适宜水层（3～4厘米），防止水深淹没水稻心叶或断水，出现药害可用清水多次冲洗，喷施优质速效叶面肥加芸薹素内酯类植物生长调节剂。

8. 氰氟草酯类

药害产生的原因：氰氟草酯对水稻安全性较高，但在水稻幼苗期过量施药，可产生不同程度的药害。

症状：轻度、中度和重度药害均表现为水稻叶片上有褪绿褐斑。轻度药害对水稻生育和产量无明显影响；中度和重度药害使水稻生育受抑制，影响产量。

药害的预防与缓解：在水稻幼苗期使用只要控制施药量即可避免药害，发生药害可用清水冲洗，喷施优质速效叶面肥加芸薹素内酯类植物生长调节剂。

9. 苄嘧磺隆类

药害产生的原因：过量施药或施药不均匀或制剂杂质含量

高，都有可能产生不同程度药害症状。

症状：轻度药害植株稍矮，叶片轻度褪绿；中度药害植株轻度矮缩，叶片稍黄；重度药害植株矮缩，分蘖停止。轻度药害对水稻产量无明显影响；中度和重度药害可延迟水稻生育，植株矮缩，抑制分蘖，导致减产。

药害的预防与缓解：严格控制施药量，尤其要注意药剂本身的质量，不使用杂质含量高的药剂，施药时田间保持适宜水层。出现药害可用清水冲洗多次。喷施速效优质叶面肥加芸薹素内酯类植物生长调节剂。

10. 吡嘧磺隆类

药害产生的原因：过量施药，施药不均匀或制剂杂质含量高，可能造成不同程度的药害。

症状：轻度药害植株稍矮，叶色稍褪绿；中度药害植株轻度矮缩，叶色褪绿变黄，叶稍有褐斑；重度药害植株矮缩，叶色褪绿，叶片枯黄，分蘖停止。轻度药害对水稻生育和产量无影响；中度和重度药害使水稻生育延迟，植株矮化，分蘖受抑制，导致减产。

药害的预防与缓解：控制施药量，施药时田间保持适宜水层，出现药害可用清水冲洗，喷施速效优质叶面肥加芸薹素内酯类植物生长调节剂。

11. 醚磺隆类

药害产生的原因：过量施药或施药不均匀，可产生不同程度的药害。

症状：轻度药害植株稍矮，叶色稍褪绿；中度药害植株矮缩，叶色褪绿，分蘖受抑制；重度药害植株明显矮缩，叶色明显褪绿，分蘖停止。轻度药害对水稻生育和产量无明显影响；中度和重度药害使水稻生育受抑制，植株矮缩，分蘖停止，导致减产。

药害的预防与缓解：控制施药量，施药时田间保持适宜水层，出现药害可用清水冲洗，喷施速效优质叶面肥加芸薹素内酯类植物生长调节剂。

12. 二氯喹啉酸类

药害产生的原因：过量施药或遇高温均可产生不同程度的药害。

症状：轻度药害植株矮缩；中度药害分蘖受抑制；重度药害植株明显矮缩，叶色深绿，心叶呈筒状。轻度药害对水稻生育和产量无明显影响；中度和重度药害使水稻生育受抑制，植株矮缩，心叶呈筒状，分蘖停止，显著减产。

药害的预防与缓解：控制施药量，掌握好施药时期，水稻3叶期前使用该药剂易产生药害，应在水稻3叶期以后施药，避免温度过高或过低时施药。出现药害可用清水冲洗多次。喷施速效优质叶面肥加芸薹素内酯类植物生长调节剂。

13. 禾草敌类

药害产生的原因：过量施药或施药不均匀，均可产生药害。

症状：轻度药害叶色轻度褪绿；中度药害植株矮缩，心叶伸展受抑制；重度药害植株严重矮缩，心叶不能抽出，分蘖严重受抑制。轻度药害对水稻生育和产量无明显影响；中度和重度药害使水稻生育受抑制，植株矮缩，分蘖停止，明显减产。

五、旱田除草剂的药害

旱田除草剂阿特拉津和乙草胺的药害表现为，由低叶开始叶尖往里变白，药害部位与正常叶的过渡部分叶色暗绿。施药量比正常用量多1倍时，叶片枯死的速度明显快于水田除草剂加量4倍，阿特拉津施药16天后叶片基本死亡，乙草胺也有50%的叶片死亡。在本田施阿特拉津和乙草胺多的情况下，甚至以后的2~3年，稻苗照样死亡，引起绝产。吉林省出现旱田除草剂药害的现象主要集中在旱田边缘种植的水稻。因旱田施药后遇到雨水天气，旱田的药流到水稻池中引起药害，农户误用旱田除草剂出现的药害，也有人故意危害别人施旱田除草剂出现的药害等。

防治方法：旱田边缘有水稻的地，应在旱田周围挖沟，遇到雨天水就从沟中单排到水稻池外，已发现用旱田药时，打沃土安或丰收佳等药来减少损失。这些药施在插秧前后的土壤中效果最佳，如果旱田用药量大时，土壤处理后隔10天左右，水稻分蘖时再进行一次叶面喷施效果更好。

药害的预防与缓解：控制施药量，施药时田间必须建立水层以防止药剂挥发。出现药害可用清水冲洗。喷施速效优质叶面肥加芸薹素内酯类植物生长调节剂。

第四节　鼠害防治

鼠害是稻田的敌害之一，每年均给稻农造成一定的粮食损失和经济损失。所以防治鼠害是鼠口夺粮、增加总产量的必要手段。

稻田鼠害的农业防治措施主要是通过耕作等方法，创造不利于害鼠发生和生存的环境，达到防鼠减灾的目的，具有良好的生态效应和经济效应。

（1）科学调整作物布局，连片种植，可减少食源，并且有利于统一防治。

（2）彻底清除田间、地头、渠旁杂草杂物，消灭荒地，以便发现、破坏、堵塞鼠洞，减少害鼠栖息藏身之处。

（3）采取深翻耕和精耕细作措施，消灭害鼠，提高作物抗鼠害能力，一般减少损失5%~10%，旱地作用尤为明显。

（4）灌水灭鼠。

根据害鼠数量变动和为害规律，每年要全面投放毒饵灭鼠两次。第一次灭鼠宜在灌水泡田至水稻返青分蘖期进行，第二次灭鼠宜在水稻抽穗期至灌浆期进行。

第五节 冷害预防

一、苗期冷害

苗期冷害一般发生在冷浆洼地或小井种稻地。苗期冷害的秧苗特征是苗小不分蘖，茎叶变黄，从下部低茎叶先产生褐色小斑点，后连成大的斑点，整个茎叶发锈死亡。根系发黑，无新根，严重时整株变褐黑色烂掉。田间特征是，高处的稻田病轻或不发生，低处的病重。在有病的地块中，靠埂子下面的稻苗病重，埂子上面的病轻。个别病重的地块有时可以看到田面上出现小的地下泉眼或踩到稻田时土温低，感觉很凉。苗期冷害的主要原因是地冷凉，温度低于稻苗正常生长温度的情况下，秧苗生长严重受阻产生生理性冷害。

防治方法：培育健壮的秧苗，应做到以下几点：

(1) 底肥每公顷施150千克二铵和75千克氯化钾，不施其他氮肥。

(2) 插秧缓苗后结合施除草剂每公顷追施75千克尿素。

(3) 7月5日左右的孕穗期每公顷追施75千克氯化钾和25千克二铵。

(4) 特别要重视水的管理，苗期冷害严重的要保持寸水提高地温。

(5) 6月20日后的灌水除追肥时保持7天寸水外，应采用水落干等到田面出现裂纹时再灌寸水，此方法有利于提高地温。

二、障碍型冷害

冷害是常见的气象灾害之一，可分为延迟型冷害和障碍型冷害。障碍型冷害主要指的是从幼穗形成期到抽穗开花期，特别是水稻减数分裂期短时间遇到日平均气温 17℃ 以下低温，使花器的分化受到破坏，花粉败育，不能授粉造成空壳；如果在抽穗开花期遇到低温，可造成颖花不开，花药不开裂，花粉不发芽，形成空粒。这种冷害一旦发生，只能采取措施减轻为害，无法避免，属由异常低温引起的自然灾害。减轻障碍型冷害的主要措施是在 7 月中下旬，注意收听、收看天气预报，如发现异常低温趋势，马上采取深灌 20 厘米以上水层护胎或采取地头放烟等措施，提高温度。栽培技术中多施有机肥、磷肥、钾肥，少施氮肥，种植抗冷品种，采取稀植栽培等措施来减轻障碍型冷害的危害。

三、延迟型冷害

延迟型冷害是指水稻从播种到抽穗前各生育时期遇到较低温度的危害。主要表现为因低温延迟水稻生长发育，穗分化和抽穗日期显著延迟，或抽穗虽未明显延迟，但灌浆结实期温度明显降低，以致成熟不良造成减产。受害严重者直到收割期穗部仍然直立，甚至颗粒无收。受害轻者穗上部谷粒饱满，中下部多为空秕粒，出米率低，青碎米多，米质差，作为种子则发芽势和发芽率明显低劣。尤其是种植晚熟品种，抽穗期延迟，减产更为严重。这种冷害随着科学技术的发展，育苗期应用保温材料、旱育苗、高产栽培技术及一些化工促熟产品等对产量的影响不大，近几年没有造成大的灾害。延迟性冷害主要选择早熟品种、早育苗、早插秧，在减少播种量的同时少施氮肥，多施磷、钾肥，减少底肥和分蘖期施肥。也可采取出穗期喷磷酸二氢钾及其他促早熟的产品，分蘖期浅灌水、孕穗期开始间断灌水等综合措施来防治。

模块十一　水稻生产的经营管理

第一节　水稻田间测产

一、水稻测产方法

(一)理论测产

1. 取样方法

十亩高产攻关田：按照对角线取样法取 5 个样点。

百亩高产示范方：以 20 亩为一个测产单元，共分成 5 个单元，每个单元按 3 点取样，共 15 点。

万亩高产示范片：以 500 亩为一个测产单元，共 20 个单元，每单元随机取 3 点，共 60 点。

每点量取 21 行，测量行距；量取 21 株，测定株距，计算每平方米穴数；顺序选取 20 穴，计算每穴穗数，推算亩有效穗数。取 2~3 穴调查穗粒数、结实率。千粒重按该品种前 3 年平均值或区试千粒重计算。

2. 产量计算

理论产量(公斤) ＝ 亩有效穗(穗) × 穗粒数(粒) × 结实率(%) × 千粒重(克) × 10^{-6} × 85%

(二)实收测产

1. 取样方法

在理论测产的单元中随机选取 3 亩以上地块进行实收称重。如果用水稻联合收割机收获,收割前由专家组对联合收割机进行清仓检查;田间落粒不计算重量。

2. 测产含水率和空瘪率

随机抽取实收数量的 1/10 左右进行称重、去杂,测定杂质率(%);取去杂后的稻谷 1 公斤测定水分和空瘪率,烘干到含水量 20% 以下,剔出空瘪粒,测定空瘪率(%);用谷物水分速测仪测量含水率,重复 10 次取平均值(%)。

3. 计算公式

实收产量(公斤)= 亩鲜稻谷重(公斤)×(1－杂质率)×(1－空瘪率)×(1－含水率)÷(1－14.5%)

第二节 水稻采收及加工

水稻成熟后,随着收割期推迟,温度高于 25℃,稻谷及糙米含水量逐渐下降,失水速度过快,惊纹粒率也显著提高,可见稻谷含水量对整精米率的影响很大。不同品种的适宜收割期也不同,米质较好的品种,其收割弹性略大于米质较差的品种。因此,要做到适时收割。适期收割是优质品种获得最佳优质米的简便方法之一。过早收割,生青米、茶色米、死米多,这些稻谷干燥时,失水过快,脱水收缩过程中淀粉之间形成空隙,容易产生裂纹米。过迟收割遇高温雨水时,惊纹粒会加剧,延后收割又比提前收割惊纹粒率高。适期收割是指品种在 85%～90% 的谷粒黄化时收割。

随着水稻产业化的进行,降低生产成本,提高工作效率,必然要使用一些大型机械进行收获。由于机械的撞击和脱粒时的来回翻动，会明显提高惊纹粒率，直接产生了部分碎米。人工收割时，水稻收割晾晒后，要及时码上圆垛，尽量减少稻穗暴露在外的面积，码圆垛的最佳时间应在10月中、下旬，脱粒方式尽量用小型脱粒机，用大型机械时要防止转速过大过猛。

一、适期采收

适时收获是在确保产量的基础上提高米质。适时收获期为水稻的完熟前期，即全穗失去绿色，稻穗颖壳95％基本变黄，米粒转白，手压不变形。收获的最佳时期是稻谷含水量在22％～24％。

适时收割水稻是提高整精米率的重要措施。收获太早，子粒灌浆不充分，千粒重低，影响稻谷产量。收获偏晚，稻谷水分含量下降，造成稻谷田间爆腰率偏高，加工整精米率偏低，稻谷的外观品质下降，商品性降低。

二、储藏

生产的稻谷或者大米除了直接供给消费者外，大部分需要储藏起来，有的储藏时间长达几年，短的也有几个月。因为储藏条件的不同，稻米经过一段时间的储藏后，胚乳中的一些化学成分发生变化，游离脂肪酸会增加，淀粉组成细胞膜发生硬化，米粒的组织结构随之发生变化，使稻米在外观及蒸煮食味等方面发生质变，即所谓陈化。稻米的储藏品质优良，即在同一储藏条件下，不容易发生"陈化"，也就是我们通常说的耐储藏，稻米的储藏品质与稻米本身的性质、化学成分、淀粉细胞结构、水分特性以及酶的活性有关。这些特性之间的差异，就造成了稻米耐储藏性能之间的差异。

水稻收获后应及时晾晒，以便安全储存。水稻收获后，稻谷含水量往往偏高，堆放会发热霉变，产生黄曲霉。因此，应及时晾晒或烘干，使稻谷含水量保持在14.5%以下，确保稻谷安全储藏。

在水稻晾晒的同时应清除杂质。稻谷中通常有稗子、杂草、穗梗、叶片等杂质以及瘪粒，这些都是储藏的不安全因素。因此，入仓前必须把含杂量降低到0.5%以下，这样才能提高储藏的稳定性。

在水稻储藏过程中应控制水分。在正常情况下，一般稻谷含水量为14%。储存后稻米的整糙米率可以得到恢复，当水分低于11%时，储藏后期稻米的整糙米率降低。通风降温是缩小分层温差，防止稻堆中、下层发热的有效方法。

三、稻米加工及销售

根据稻米加工的特点和要求，选择合适的设备，按照一定的加工顺序组合而成的生产作业线就是稻米加工工艺流程。主要分为如下四个阶段。

1. 清理阶段

主要清除稻谷中的各种杂质，以达到垄谷前干净无杂质的要求。包括初清、除稗、去石、磁选等工序，其工艺流程为：原粮→初清→除稗→去石→磁选→净谷。

2. 垄谷阶段

主要是脱去稻谷的颖壳，获得纯净的糙米。其工艺流程为：净谷→垄谷→稻壳分离→谷糙分离→干净糙米。

3. 白米整理阶段

主要是碾去糙米表面的部分或全部皮层，制成符合规定质量标准的成品米。其工艺流程为：干净糙米→碾米→厚度分级

→长度分级→白米分级→色选机→抛光机→定量包装→成品。

4. 销售

将定量包装好的成品进行销售。

第三节 水稻种子的市场营销

一、种子检验

(一)种子检验的原理

种子检验是评价种子质量的一种手段,它包括一整套综合技术。"种子质量"是一个综合概念,包括品种品质和播种品质两个方面。品种品质是指种子的真实性和品种纯度;播种品质是指种子净度、饱满度、生活力、发芽率、含水量等。优良的种子必须是纯度高、净度好、充实饱满、生命力强、发芽率高、水分较低和不带病虫害的种子。

种子检验必须严格遵照国家颁布的《农作物种子检验规程》执行,才能在允许误差范围内得出普遍一致的结果。有了检验结果,还必须有一个衡量种子质量优劣的尺度,这就是国家颁布的《农作物种子质量标准》,根据这个分级标准规定对种子质量予以评定等级。总之,种子检验是根据《农作物种子检验规程》规定的程序和方法,利用必要的仪器,结合对照《农作物种子质量标准》,对种子质量作出的一致的、正确的判断和评价的过程。

(二)种子检验的内容

1. 种子法则

国际上发达国家和许多发展中国家都颁布了《种子法》,并对植物新品种实行法律保护。《中华人民共和国植物新品种保护条例》已于 1997 年 3 月 20 日中华人民共和国国务院令第 213 号公布，自 1997 年 10 月 1 日起施行。其中要求品种权人对其注册品种的典型性状应提供说明，并"根据审批机关的要求提供必要的资料和该植物新品种的繁殖材料"。《中华人民共和国植物新品种保护条例》是对新品种进行质量认证和控制的基础。

2. 种子认证

种子认证是保持和生产高质量和遗传性稳定的作物品种种子或繁殖材料的一种方案，是种子质量保证系统。在这种方案（系统）下，种子商、种子专业户应利用纯系种子，认真采取质量控制措施，并进行田间检验和室内检验等工作，确保生产出高质量的生产用种（良种），供应农业大田生产种植。

3. 种子分级标准

关于种子质量评价，国际惯例有两种形式，一是规定最低标准；二是依据标签（发票、合同、协议、检验结果单、广告目录等）真实性。我国是对主要作物采用最低标准的。

4. 种子健康检验

种子健康检验包括生化、微生物、物理、植保等多学科知识的综合检测技术，主要内容是对种子病害和虫害进行检验。所涉及的病害是指在其侵染循环中某阶段和种子联系在一起，并由种子传播的一类植物病害；种子害虫则指在种子田间生长和储藏期间感染和危害种子的害虫。

健康检验的目的是防止在引种和调种中检疫性病虫的传播和蔓延；了解种子携带病虫的种类，明确种子处理的对象和方法；了解种子携带病虫数量以确定种用价值，同时亦为种子安全储藏提供依据，也作为发芽试验的一个补充。

健康检验项目包括"田检"和"室检"两部分。田检是根据病虫发生规律，在一定生长时期比较明显时检查。检验主要依靠肉眼，如对一些病毒的观察很难以室内分离培养的方式来诊断,必须结合田检来确定。室检方法较多,是储藏、调种、引种过程中进行病虫检验的主要手段。

(1)种子害虫及其检验。种子害虫种类繁多,国内已知仓库害虫至少有250多种,常见的有象鼻虫、隐翅虫、谷盗类、蛾类、小茧蜂和螨类等。在虫害检验时,应先了解害虫形态特征,生活习性及其危害症状。

检验种子害虫应根据不同季节害虫活动特点和规律,在其活动和隐藏最多部位取样。常用检测方法有肉眼检验、过筛检验、剖粒检验、染色检验、比重检验和软X射线检验等。害虫感染种子的方式分明显感染和隐性感染。

(2)种子病害及其检验。引发种子病害的原因,统称病原。病原可分为非侵染性和侵染性两大类。前者指由不适宜的环境条件引起,如高温可使种子发热霉变,造成缺氧呼吸而酒精中毒;后者指由有害生物(病原物)侵染所引起的病害。病原物主要有真菌、细菌、病毒、类菌原体、类病毒、线虫和寄生性植物等。

由于种子带病的类型和病原不同,病害检验的方法也不相同,目前常用的方法有:①肉眼检验。该法借助肉眼或低倍放大镜检验,适用于混杂在种子中的较大病原体,被大量病菌孢子污染的种子及病粒等。②过筛检验。该法利用病原体与种子大小不同,通过一定的筛孔将病原体筛出来,然后进行分类称重。③洗涤检验。有些附着在种子表面的病菌孢子肉眼不能直接检查,这时可用洗涤方法检验。④漏斗分离检验。该法主要用于检验种子外部所携带的线虫。⑤萌芽检验。在种子萌发阶段开始为害或长出病菌的,可根据种子或幼苗的病症进行检验。此外,还有分离培养检验、噬菌体检验、隔离种植检验等。

二、种子分级

(一)种子分级的方法

品种纯度是划分种子质量级别的主要依据。

(1)常规种子纯度达不到原种指标降为良种,达不到良种的即为不合格种子。净度、发芽率、水分其中一项达不到指标的即为不合格种子。

(2)杂交种子纯度达不到一级良种指标的降为二级,达不到二级良种的降为不合格种子。净度、发芽率、水分其中一项达不到指标的即为不合格种子。

(二)种子分级的标准

种子分级标准,是对种子质量划分所做的各种规定。只有依照种子分级标准,才能正确地划分种子的质量等级,合理地评定种子的使用价值,为种子的交换提供依据,起到维护生产者、经营者和使用者的共同利益的作用。

种子的分级标准应按照1996年12月28日国家标准局发布的《农作物种子质量标准》为依据。

(三)种子的质量评定、分级与签证

1. 种子质量评定

种子质量评定是根据种子田间检验和室内检验的结果对种子品质作出科学地、合乎实际地判定,以划分种子等级,确定种子的价值和用途。

2. 种子质量的分级方法

在种子质量分级工作中,当种子净度、纯度、发芽率和水分等指标均达到同一级别时,便可根据分级标准直接进行分级。若种子纯度、净度、发芽率、水分等指标达不到同一标准时,即各分级指标出现交叉现象时,首先以纯度检验结果定级。其次,将净度检验结果与纯度级别降低的等级数和发芽率检验结果、纯度降低的等级数相加,若二者之和等于1,维持原纯度等级;若二者之和等于2或3,比原纯度等级降低一级;若二者之和等于4,比原纯度等级降低两级。再次,当净度、发芽率等级高于纯度等级时,不予考虑,但均不得低于最低标准。

3. 种子签证

当种子的室内检验和田间检验全部结束后，根据对种子品种品质和播种品种的检验、评定、分级结果，对合格的种子签发种子检验合格证书。种子检验合格证书是经营、调种、运输及使用的依据，播种检验合格的种子，是农作物增产的基础。如果误将检验不合格的种子签发合格证书，必然会出现播种后种子不出苗、缺苗、苗弱或有时完全是其他品种的情况，这会给农业生产造成不应有的损失。因此，种子签证对于种子品质来说是至关重要的环节。签发了种子检验合格证书就意味着种子品质符合良种的要求，所以签证工作执行的正确与否事关重大，在工作中要实事求是地把好签证关，以保证种子质量，促进农业生产。

第四节　品种的审定及选育

一、品种审定的适用法规和组织机构

1997年10月10日国家农业部第29号、23号令正式颁发了《全国农作物品种审定委员会章程》和《全国农作物品种审定办法》。各省（自治区、直辖市）也根据种子法规制定了地方品种审定办法，这是我们进行品种审定工作的法律依据。

农作物品种审定实行国家和省（自治区、直辖市）两级审定制度。农业部设全国农作物品种审定委员会（以下简称全国品审会）；各省（自治区、直辖市）人民政府的农业主管部门设立省级农作物品种审定委员会（以下简称省品审会）。市（地、州、盟）人民政府的农业主管部门可设立农作物品种审查小组。全国品审会和省级品审会是在农业部和省级人民政府农业主管部门领导下，负责农作物品种审定的权力机构。

品审会委员由农业行政部门、种子部门、科研单位、教学单位和有关单位推荐的专业技术人员组成。

二、品种审定的办法

(一)申报条件

品种审定分国家级审定和省级审定。无论申请哪级审定,都必须具备相应的申报条件。

1. 申报省级品种审定的条件

新育成的品种或新引进的品种,要求报审时,一般应具备以下条件:

(1)参加区域试验和生产试验的时间 报审品种需经过连续2~3年的区域试验和1~2年的生产试验。两项试验可交叉进行,但至少有连续3年的试验结果和1~2年的抗性鉴定、品质测定资料。

(2)报审品种的产量水平 要求高于当地同类型的主要推广品种的原种产量的5%以上,并经过统计分析增产显著。

如果产量水平虽与当地同类型的主要推广品种的原种相近,但在品质、成熟期、抗逆性等有一项或多项性状表现突出的亦可报审。

2. 申报国家级品种审定的条件

向全国品审会申报审定品种,应具备下列条件之一:

(1)主要遗传性状稳定一致,经连续两年以上(含两年,下同)国家农作物品种区域试验和一年以上生产试验(区域试验和生产试验可交叉进行),并达到审定标准的品种。

(2)经两个以上省级品审会审(认)定通过的品种。

(3)国家未开展区域试验和生产试验的作物,有全国品审会授权单位进行的性状鉴定和两年以上的多点品种比较试验结果,经鉴定、试验单位推荐,具有一定应用价值的品种。

（二）申报材料

报请国家审定的品种应填写《全国农作物品种审定申请书》，申报人或单位要按申请书的各项要求认真填写，并附有关材料。这些材料主要有：

(1) 每年区域试验和生产试验年终总结报告（复印件）。

(2) 指定专业单位的抗病（虫）鉴定报告。

(3) 指定专业单位的品质分析报告。

(4) 品种特征标准图谱，如株、茎、根、叶、花、穗、果实（铃、荚、块茎、块根、粒）的照片（15厘米左右彩色照片）。

(5) 栽培技术及繁（制）种技术要点。

(6) 省级农作物品种审定委员会审定通过的品种合格证书（复印件）。

省级品种审定的报审材料要求由各省品审会制定，如青海省规定报审品种应由选育（或引进）单位（或个人）提交品种审定申请书、品种标准、2年的区域试验和生产试验报告、品种照片、品质分析报告、抗病虫害专业组报告、农艺性状专业组报告、原种质量检测报告、制作多媒体。

（三）申报程序

品种申报程序是先由育（引）种者提出申请并签名盖章，由育（引）种者所在单位审查、核实加盖公章，再经主持区域试验和生产试验单位推荐并签章后报送品审会。向国家级申报的品种，须有育种者所在省或品种最适宜种植的省级品审会签署意见。

参考文献

[1]杨力,刘中秀.水稻机械化种植实用技术[M].南京:江苏凤凰科学技术出版社,2016.

[2]尹明.水稻栽培实用技术[M].北京:中国农业出版社,2016.

[3]全国农业技术推广服务中心,湖南农业大学.水稻"三定"栽培与适度规模生产[M].北京:中国农业出版社,2015.

[4]张洪程,等.水稻机械化精简化高产栽培[M].北京:中国农业出版社,2014.

[5]车艳芳.现代水稻高产优质栽培技术[M].石家庄:河北科学技术出版社,2014.